大家來破案

陳偉民◎著

米糕貴◎圖

推薦序

現代版的
福爾摩斯與馬蓋先

／國立武陵高級中學校長　林繼生

光陰荏苒，我和陳老師偉民兄認識已將屆30年。

民國69年，我們同在新莊市新泰國中服務，他教化學（理化），我教國文。他是學校的名師，凡他任教的班級，化學（理化）成績必定數一數二，因此成為大家指定的王牌老師。我們也曾合作同教一個班級，對他教學之生動，深受家長及學生肯定感到佩服，並有一種「有為者亦若是」的企羨。

81年新莊高中成立，他果然成為創校第一批被挖角延攬的對象，直到退休。而我也在同年離開原校到板橋高中服務，但是我們之間因為刊物約稿的關係，仍時有聯繫。

大學畢業服務教職開始，我一直參與台北縣救國團《青年世紀》（北縣青年）的編輯工作，每次都要為新的專輯企畫「捻斷數根鬚」，或將一頭白髮搔更短，凡是需要「科學」方面的文章，我第一個想到的當然是好友偉民兄，而他也一直未讓我失望，因為他不只是一位化學（理化）老師，他更是博學多聞，尤其有一支連一般文科畢業生都自嘆弗如的生花妙筆，對歷史也有超出常人的涉獵與研究，因此請他寫作科學性文章，常能設想精妙，引人入勝，加上文字暢達，常讓人不忍釋卷。

74年開始，台視每周定期播出《百戰天龍》影集。劇中主角馬蓋先四處冒險，他從不攜帶武器，善用他的沉著冷靜、智慧以及廣泛的物理、化學知識，將身旁一些平凡無奇的東西化腐朽為神奇，成為克敵的武器。這個影集激發我的靈感，心想馬蓋先這麼神勇，利用簡單的理化知識就能凡事逢凶化吉，其中除了戲劇效果外，他那些應用的知識有根據嗎？於是，興起

　　　　推薦序

仿照影集中應用日常科學知識以破案或脫險的橋段，重新編寫故事，並加以解析以供學生參考的念頭，第一個想到的不二人選當然還是偉民兄。於是自80年9月開始的《青年世紀》便有了「馬蓋先出擊」，這是我們在編寫上第一次而且非常成功的合作。

由於《中國時報》對《青年世紀》中某些單元的青睞及肯定，彼此商定將某些單元文章移至《中國時報》每周刊出，其中偉民兄寫的「馬蓋先出擊」自是首選之一，因應報紙版面，除專欄名稱改為「大家來破案」外，字數也增加，專欄推出後深受喜愛。後來專欄暫停，偉民兄又接受邀約，繼續在《幼獅少年》以相同的人物發展出一系列偵探故事，也大受歡迎。而今欣見這些有趣、有益又有根據，融文學、歷史、邏輯推理與物理、化學等知識於一爐的文章要結集出版，個人自是歡迎及歡喜至極。

我們常說「教育國之本」，強調教育的重要，這是任何人

都篤信的事實，但是「教育」要如何成為國之本，重點在教育的內涵及教育的方式，前者屬於教什麼，後者則是如何教的問題。

孟子說：「教亦多術」，強調教育的方法不只一種，但不管教育的方法有多少種，其中最重要的共同點都是要吸引學生，讓學生對所教的內容有興趣，產生好奇心，確認所學的不只是應付考試，考完即丟的無用的東西，而是可以融入生活中，以備時時所需，才能發揮引人入勝的效果，提升學生學習的意願，尤其一些原本對知識沒有興趣，或者沒有信心的學生，因為教育方式的改變，終能被循循誘導，產生興趣，激發信心，這靠的就是教師「善誘」之功。

一樣的教師，一樣的師資培育，但有成功與失敗的教師，其中的分野關鍵就在教師是否具有「善誘」的功力，能將平淡乏味的教材教得生動有趣，能將學生視之如畏途的學習過程變為津津樂道的進學之旅。「傳道、授業、解惑」其實不難，只

推薦序

要事先多準備，人生歷練多些即可，但是要讓學生真的有「如坐春風」的感覺，就真的要靠教師化雨的功力了。簡單的說，教書大家都會，如何教得生動有趣，讓難懂的知識好懂易吸收，這才是功力所繫。

　　陳老師偉民兄本來就是一個說故事高手，是真正會教書的人，上課幽默有趣，信手拈來，左右逢源，能化生硬的科學理論為易懂難忘的知識；而其妙招之一就是將深奧難懂的內容，融於日常生活中，透過故事的引導，讓知識與生活連結，讓生活就是知識的理想實現，二者不再渺不相涉，真正做到生活知識化，知識生活化。

　　本書是主角中學生明雪（冰「雪」聰「明」？）的生活經歷（冒險？）。明雪應用平日所學的知識，破解生活難題及突破種種難關，不但豐富自己人生，也幫助警方破案。閱讀本書，就像看一本現代微型的「福爾摩斯」，生動有趣，巧妙結合推理邏輯及生活知識，尤其主角是學生，讀來更覺親切。看

完本書有「過關斬將」、「豁然開朗」的快感，同時也學會該懂的理化知識。對教師而言，這是一個很好的啟發教材：原來理化可以這樣教，應該這樣教。對一般學生及大眾而言，原來理化可以這麼有趣，理化可以這樣學。

而更重要的是，對偉民兄而言，他為理化教學另闢一條有趣又能學得好的蹊徑；對我則以能躬逢本書原始構想的催生為榮，以有偉民兄這樣的朋友為傲。

自序

從偵探故事讀科學
／陳偉民

　　我常常告訴學生，科學家與偵探是同行，因為兩者都追求事實的真相，這句話的另一層意義是：科學家和偵探一樣都需要觀察入微，推理細膩；現代的偵探更需要運用科學儀器才能分析證據。

　　自從日本卡通《名偵探柯南》深受學生歡迎，我就感受到偵探故事可以作為教導理化的媒介。後來看到一篇報導，介紹澳洲某些學校以刑事鑑定的內容作為高中文科學生的化學教材，更是大感振奮。想想也真有道理，指紋、血跡、塵土的分析，哪一樣不是化學？號稱神探的李昌鈺博士不就是生化學的專家嗎？

當時正好老友林繼生老師主編台北縣學生刊物《青年世紀》，邀我開闢新專欄，介紹一些科學知識給青少年，於是著手以「大家來破案」為專欄名稱，每月發表一則短篇偵探故事，旨在將理化原理融入推理過程，最後並成為破案關鍵，希望藉由故事吸引青少年閱讀，進而學習到理化原理，並體會理化知識的實用性。

　　在人物設定上，我選定以高中女生為主角。因為一般的刻板印象總認為男生在科學的學習上比較占優勢，但依我的教學經驗，經常遇到十分優秀的女學生，其學習能力遠超過一般男生，所以我希望藉由人物的設定破解性別上的刻板印象。選定高中生為主角，則是因為某些原理必須要高中生才易理解，但為避免太過艱深，主角的弟弟設定為小學生，憑著細微的觀察力，小學生也能對破案提供協助。

　　為了撰寫本專欄，我大量閱讀了相關的書籍，包含偵探、警察及法醫的處理程序，以及鑑識科學與法醫的相關論文。

後來在觀看電視影集《CSI犯罪現場》時，遇有不懂的專業名詞，也隨手記下，再上網找參考資料。

當然，最後呈現出來的內容，不可能是硬邦邦的專業知識，只能選擇青少年能懂的部分，編入故事中，本書不同於一般偵探故事，而是運用理化知識破案的故事。

專欄推出後不久，又與《中國時報》合作，刊載在該報北部版（含基隆、北縣及桃竹苗等地），並將結局隱去，由讀者將推理結果傳真至報社，再由答對的讀者中抽籤選出數名，贈送小禮物。據報社記者告知，每當該專欄推出之日，報社傳真機的紙筒常被耗盡，不得不更換新的傳真紙，真正達到「大家來破案」的境界。期間並常有熱情讀者來函，討論案情，來函讀者的身分包含法律專家、獸醫等，可見讀者群不只青少年，使筆者甚感欣慰。

結束與《中國時報》合作的關係後，本專欄即告終止。但人的頭腦一旦打開，就不容易關上，期間我偶有點子，就

記在電腦檔案裡。不久，《幼獅少年》主編吳金蘭小姐來電，希望我能開闢一個以青少年為對象的科學專欄，我就再讓這個專欄復活，其間因忙碌而中斷一陣子，但隨即又恢復。此次恢復寫作後，《幼少》編輯群一開始即鎖定此一專欄將來要集結出書，所以全力投入審稿。據吳小姐說，每一篇都經她的鄰居及朋友評論過，《幼少》的編輯也都提供不少修正意見，務求合理。雖然有時合理的故事不免乾澀，但經過編輯們修改的文字，總令我佩服。

　　本書能順利推出，首先要感謝繼生兄的催生，這段時間，他的職務由老師一路晉升至高中校長；我則一事無成地由教師的職位退休了。算一算，本專欄由誕生至今，前後已經超過十年了，書中的主角明雪一直還在念高中，看來一時之間還畢不了業，真是可憐。不過，比起哆啦A夢的大雄，小學讀了四十年，還是經常考零分，明雪算是幸運的了。

　　此外，今年剛從幼獅公司退休的孫總編輯小英小姐，多年

　　來一直給我許多指導，在此一併致謝。也謝謝本書的責任編輯洪敏齡小姐，辛苦了。

　　因筆者才疏學淺，書中所列理化原理若有謬誤之處，請讀者不吝賜教。至於執法程序若不甚符合實情，請一笑置之。畢竟，無論《福爾摩斯》、《名偵探柯南》或阿嘉莎‧克莉絲汀所寫的一系列偵探小說，其中的情節沒有一部符合法律程序。

陳偉民 謹識
2009年2月

目錄

池畔冤魂

　　早晨的陽光，透過窗戶射進學校的實驗室，灑落一地跳動的光影。經過連日大雨，窗外的樹葉顯得特別青翠。

　　明雪身為化學小老師，要在上課之前先到實驗室，協助老師配製教學要用的藥品。只是上了高中，規矩似乎比國中時擔任自然與生活科技小老師還多，讓她覺得有點麻煩。

　　老師先是明白指出：「今天要配的藥品是硝酸銀水溶液。」接著就在黑板上寫下配製方法，並叮嚀她：「配製藥品的時候一定要用蒸餾水，不可以用自來水，而且要戴橡皮手套，知道嗎？」

　　明雪點點頭表示了解。

　　「我還得到班上督導早自習，記得在八點十分上課以前，要把藥品配好。」留下一句吩咐後，老師就走了。

　　明雪則在老師背後吐吐舌頭，還做了個鬼臉。

八點的鐘聲一響，代表早自習結束，同學們陸陸續續來到實驗室，大家吱吱喳喳討論著今天要做的實驗。

　　十分鐘後，老師準時進入實驗室。他先是瞅了一眼桌上已配好的溶液，接著怒氣沖沖的質問明雪：「為什麼用自來水配製？我不是特別叮嚀過了嗎？妳怎麼這麼不聽話？」

　　面對老師突如其來的質問，明雪嚇得臉色發白，囁囁的說：「老師你……怎麼知道？我以為沒關係，所以……」

　　「什麼沒關係？」老師生氣的指出，「妳看，這水溶液呈現白色混濁狀，代表自來水裡的氯離子已經與硝酸銀反應，產生白色氯化銀了！」

　　「自來水裡怎麼會有氯離子？」明雪還是不懂。

　　「難道妳讀國中時，沒學過自來水是用氯氣消毒的

　　　　　池畔冤魂

嗎？在這過程中，有一部分氯氣就溶進水裡變成氯離子。妳以為偷懶不會被老師發現嗎？蒸餾水配製的硝酸銀水溶液應該是透明的，所以我一眼瞧見這杯溶液呈白色混濁狀，就知道妳偷偷使用了自來水！雖然自來水中的氯離子濃度大約只有20～500ppm，濃度不高，但水溶液仍會有點混濁。」

明雪總算知道老師為什麼會發現她用自來水配製藥品，雖然後悔已來不及，但她還是勇敢負起責任：「老師，我錯了，我馬上用蒸餾水重新再配一次。」

老師評估一下時間後，開口道：「算了，等妳重新配好，也來不及做實驗，看來只好延後一天了。不過，罰妳今天放學後留下來重配藥品！」明雪羞愧的點點頭，藉由閉上眼平復心情。

「現在這堂課只好先講解實驗原理。有誰會寫硝酸銀

的化學式？」老師問，明雪聞言趕緊舉手，畢竟化學是她最擅長的科目，何況剛犯下一個愚蠢錯誤，她急著想扭轉老師對她的印象。 想不到，老師一看到她高舉的手，眼睛睜得像銅鈴一般大：「明雪，妳為什麼配藥品不戴手套？」

明雪再度愣住了，心想：老師怎麼這麼厲害？連配藥品沒戴手套他也知道！

「妳看看自己的手。」老師一說，全班都盯著她的手看，大家頓時議論紛紛，還有人故意尖叫：「好惡心喔！」

明雪趕緊放下手，仔細察看——天啊，她手上有一大塊黑色汙漬！緊張的明雪趕緊跑到水龍頭邊拚命刷洗。

老師見狀，對她解釋：「沒用啦！早教妳調配藥品要戴手套，妳就是不聽！硝酸銀已經滲進妳皮膚的蛋白質裡，而它一照到紫外線就會變黑……待會妳到室外，碰到更強的陽光照射，還會變得更黑，怎麼刷都沒用。這算是

池畔冤魂

對妳不聽話的懲罰！」明雪哭喪著臉：「那我不就一輩子要當『黑手』？」

老師看明雪快哭出來，便安慰她說：「放心啦！經過三、四天，沾染到藥品的皮膚會自行脫落，到時候，膚色就能恢復正常了。」明雪看著自己的手，雖感到半信半疑，仍是點了點頭。

■　　　　■　　　　■

放學後走進家門，因為怕被爸媽看到她的手，所以動作遮遮掩掩。還好媽媽對她說：「明安和同學到運動公園打棒球，天都黑了還沒回家，妳到公園去看看。」

「好！」明雪趕忙出門，慶幸手上的汙漬沒被發現。她伸手摸了摸口袋裡那一小瓶硝酸銀──被老師留下來重配藥品時，雖然乖乖按照老師的規定做，但調皮的她還是偷偷留了一小瓶帶回家，打算趁明安不注意時，在他臉上

抹一把，到了明天早上陽光射進房間，他的臉上就會出現黑色痕跡……想到這裡，她就忍不住偷笑！

　　公園旁邊本來是建築工地，四周都用鐵板圍起來，只留一個汽車的出入口。但聽說建設公司在兩個月前倒閉，所有工人都撤走，因此這裡成了廢棄的荒地。

　　明雪剛經過這片工地的入口處，就看到一輛藍色小轎車從裡面急駛而來，車後還有一群小朋友在追趕，有的揮舞著球棒，有的高聲喊叫。明雪正在納悶發生什麼事，看到明安也在追趕行列，於是她急忙把停在入口附近的幾輛腳踏車推倒，嘩啦啦一陣聲響，車子倒得橫七豎八，擋住了轎車的去路。

　　這時，車裡衝出一個怒氣沖沖的的年輕人，高喊：「把腳踏車搬開！」

　　明雪則在這時打量了一下現場情況：那是輛破舊的藍

色小轎車，輪胎側面沾滿細沙。

不久，追趕的小朋友也跑到了兩人身旁。明安一看見明雪，就氣喘噓噓的說：「姊，別讓他跑掉，他是殺人凶手！」

明雪看了那人一眼，轉頭問弟弟：「你們打球怎麼打到這裡來了？」

明安說：「因為我打了一支界外球，飛進這塊空地。我們到這裡撿球時，正好看見這個人蹲著，他一看到我們，就慌慌張張的跳上車。我們發現地上躺了一個人，就覺得是他害死的！」

「胡說！」年輕人反駁：「我先前發現水池裡有個人載浮載沉，就好心把他拉起來。正要急救時，你們卻叫嚷起來，我怕被誤會人是我害死的，所以才趕快離開！」

這時，有些路人聽到爭吵聲，也圍過來看熱鬧。其

中，有民眾就對這個年輕人建議：「你還是帶我們到水池旁，看看是怎麼回事吧！」明雪則悄悄跟明安說：「快打手機給李雄叔叔。」原來，李雄是明雪父親的老同學，正好在這一區當刑事組長。

年輕人眼看自己被眾人團團圍住，難以脫身，只好跟著走回水池旁——其實那也不算什麼水池，只是工人打地基時挖的坑洞，因為連日大雨，所以積了水。水坑的旁邊果然躺著一個人，全身溼漉漉、一動也不動的。群眾中，有人蹲下去摸了摸那人的脈搏，隨即站起身搖搖頭，示意沒救了。

年輕人還在比手畫腳的為自己辯解：「我就是看到這個人倒在水池裡，才趕緊把他從水中拉起，沒想到正好被這群小鬼看到，還誣賴我殺人……真是好心沒好報！」

明雪這時看到年輕人的前襟上果然有水漬，於是就繞

池畔冤魂

著水坑和屍體仔細觀察。

　　突然間她靈機一動，伸手由坑中撈出一捧水灑在地上，然後掏出口袋裡那瓶硝酸銀水溶液，在地上的小水窪滴上藥水。接著她走回死者身邊，再把藥品滴在他周遭的水漬，結果立刻出現大量白色沉澱。

　　明雪看到這種情況，馬上站起身來對年輕人說：「你說謊，這個人是在海中溺斃的！」

　　年輕人嚇了一跳，大聲質問：「妳怎麼知道？」不一會兒又發覺自己失言，急忙辯白：「妳胡說，他明明是在這個水池裡溺斃的！」

　　明雪笑了笑，問道：「你願意打開汽車的行李廂，讓我看看嗎？」

　　年輕人面有難色的說：「妳憑什麼要求我打開行李廂？」

「你要是不配合她的要求，我就把你的車子拖回警局！」一道宏亮的聲音自年輕人的背後傳來，把他嚇了一跳。

聽到熟悉的語調，明雪姊弟倆高興大喊：「李雄叔叔！」

原來體格魁梧的刑事組長李雄，已帶著兩名警員趕到工地。

年輕人無奈的被警員帶到轎車旁，並且打開後車廂。

李雄笑著對明雪說：「去吧，小偵探！告訴我們，妳為什麼要檢查行李廂？」他知道明雪不但立志長大要當一名女法醫，而且在犯罪偵察方面常有獨到的觀察力。

「我剛才就注意到這輛車的輪胎側面黏了很多沙粒。至於為什麼會這樣呢？去海邊玩過水的人都知道，溼溼的腳踩到沙子，就會黏上一大片沙粒，除非水分完全乾掉，否則不易脫落，尤其是將乾未乾時，沙粒的附著力最大。因此我推斷，這輛車今天曾經到過海灘！」在李雄信任的

池畔冤魂

眼神下，明雪侃侃而談。年輕人急忙側頭探看輪胎，臉色頓時變得好蒼白。

明雪繼續說明自己的推論：「我剛才先用硝酸銀水溶液檢驗坑洞裡的水，由於雨水中各種離子的濃度極低，所以幾乎沒有任何沉澱發生。但我檢驗死者身旁那灘水後，卻產生大量白色沉澱，證明了水中氯離子的含量很高，很可能是海水——因為海水中氯離子濃度高達15,000～35,000 ppm！」明雪邊說邊檢查行李廂，接著伸手指給李雄看，「這裡也有一灘水。」

圍觀的群眾好奇的擠上前去湊熱鬧，發現行李廂底部的布墊，果然有一灘很大的水漬。

明雪又拿出硝酸銀水溶液滴在行李廂水漬處，這時明顯的白色沉澱物又再度出現，「這也是海水。可見死者曾浸泡在海水中，然後這個年輕人把他放進汽車行李廂，載

到廢棄工地，將他丟進水坑裡，讓人誤以為他闖入工地而溺斃。結果，他才剛把屍體搬下車，還來不及拋進水池裡，就被這群小朋友發現了。」

李雄不解的問：「如果他在海邊將死者殺害，為什麼還要大費周章的把屍體運到這裡丟棄呢？」

明雪踱著方步，想了幾秒鐘，才說：「除了故布疑陣擾亂警察的偵辦方向外，我猜這凶手平日可能在海邊從事不法勾當；如果屍體在附近被發現，恐怕他平常從事的不法活動也會曝光，所以才想把屍體轉移到別的地點。」

李雄嚴肅的問著年輕人：「她說得對不對？」

年輕人眼看已經無法掩飾，只好點點頭，供出真相。原來他和死者平日就在海上走私，今天下午兩人因分贓不均而發生打鬥，他一氣之下，就把死者的頭按入海中，讓對方活活淹死。因為怕警方在查凶殺案時，會追出走私情

池畔冤魂

事，所以只好把屍體載到廢棄的工地，心想同樣是溺斃，警察一定查不出受害者是在哪裡淹死的。沒想到，因為一支意外的界外球，引來一群愛管閒事的小鬼和一位美少女偵探，他也只有認栽了！

李雄下令把凶手押回警局，圍觀的群眾也逐漸散去。這時，人群中有一名穿著運動服的中年男子，朝明雪走了過來。

明雪看清對方長相，差點暈倒——竟然是化學老師！

老師板著面孔，嚴厲問道：「妳為什麼把硝酸銀帶回家？是不是又想惡作劇？妳難道不知道它有腐蝕性嗎？明天放學後找我報到，罰妳打掃實驗室！」

在這麼多人面前被罵，明雪滿臉通紅，恨不得有個地洞可以鑽進去——哎，這就是調皮的代價！

科學小百科

　　在大多數的教學實驗室裡，硝酸銀是最常接觸到的銀化合物。因為它是一種無色、無味的固體（光照時可能變成灰色），屬於強氧化劑，具有腐蝕性，所以在使用上要特別注意安全。硝酸銀的化學式為：$AgNO_3$；當它加入自來水中，與氯離子（Cl^-）產生白色沉澱的化學反應式則為：$AgNO_3 + Cl^- \rightarrow AgCl\downarrow + NO_3^-$，若氯離子濃度越高，則白色沉澱物越多。

鬼屋

　　明雪身為化學研習社的社長，想為今年新加入的社員舉辦一次迎新晚會。化研社畢竟是學術性社團，參加的人都對化學特別有興趣，不能像康樂性社團，吃吃喝喝就算了，總要設計一點與化學有關的活動。但明雪又不想把它弄得太枯燥，希望既有趣又與化學相關，這就需要絞盡腦汁了！

　　參與策畫的幹部們一致決議，把這項融合知識與娛樂的工作交給社長規畫。活動組長惠寧一派輕鬆的對明雪說：「社長，這項壓軸表演就交給妳設計，需要幫忙時別客氣，我一定挺到底！」

　　明雪只能乾笑，「謝謝妳啦！」

　　接下來，明雪苦思好幾天，都想不出有什麼表演可以兼顧化學與娛樂。她盤算著，再想不出來，就向老師求助。

今天化學課正好教到「能量轉換」。老師說：「能量的總和不變，但能的形式卻可互相轉換。例如：熱能可以變成電能，所以我們靠火力發電；電能可以變成化學能，因此水能夠電解成氫氣和氧氣；化學能可以變成光能，所以我們可以玩螢光棒。」

　　明雪突然眼睛一亮，嘿！既然是個晚會，如果能教同學製作螢光棒，不正是結合化學與趣味的活動嗎？

　　下課後，她立刻向老師提出構想。

■　　　　■　　　　■

　　老師笑著說，「我可以教妳比做螢光棒更精采的表演呢！」

　　明雪興奮的問：「真的嗎？怎麼做？」

　　老師拿了本書給她參考。

鬼屋

「妳可以看看這本書,如果喜歡的話,再找我借藥品。」

趁著午休時間,明雪迫不及待的翻開化學老師借給她的書,書中介紹了如何以光敏靈、硫酸銅配成第一瓶溶液,雙氧水配成第二瓶;然後同時把兩瓶溶液倒入螺旋形塑膠管中,就會在黑暗中發出藍光。

明雪心想,這場面比螢光棒可觀多了,迎新晚會就表演這個吧!她立刻去找老師借藥品。

老師詢問相關問題後,確認她對實驗內容已有相當了解,就放心的把實驗室鑰匙,及會用到的藥品、器材點交給她,「妳們要自己到五金行買透明塑膠管,然後用鐵絲把它固定在鐵架上成螺旋狀。這個實驗妳們從沒做過,在正式表演前至少應演練一次。進行時要找黑暗的地方,因為這些發出藍光的混合物若暴露在燈光下,看來就像臭水

溝一樣汙濁。」

　　明雪點頭表示了解。

■　　　■　　　■

　　周六下午，她找來惠寧幫忙。兩人到學校實驗室，一起製作螺旋形塑膠管並調配兩瓶藥品：光敏靈及雙氧水。

　　惠寧發現明雪沒有依照書本內容配製，就提醒她，「妳在第一瓶光敏靈裡少加了硫酸銅喔！書上說它是催化劑，光敏靈、硫酸銅和雙氧水混合在一起，才會發光。」

　　「我知道，只是想做個不同的嘗試。妳瞧，這瓶硫酸銅是藍色的，而這個實驗發出的光也是藍色；所以我想，除了藍色的硫酸銅外，再配一些褐色的氯化鐵和紅色的氯化亞鈷，到時分別加入不同的催化劑，看看會不會產生各種顏色的光。」

　　「哇，妳的點子真酷！」惠寧想到彩色的光就興奮，

　　　鬼屋

她忘了兩人常因明雪的點子而被老師處罰。

她們剛配好藥品，警衛伯伯就來催促離開，「這棟大樓晚上要鎖起來，妳們快點離開。」

明雪著急的問惠寧：「那我們要到哪裡演練？」

惠寧想了想，露出促狹笑容，「我知道一個地方，不但沒人打擾也夠暗，可以演練發光的化學反應，就怕妳不敢去！」

「我怎麼不敢？只要妳去，我就去！」明雪不甘示弱。

■　　　　　■　　　　　■

「好，我們把藥品收一收，先找間店吃個飯，等天黑，我再帶妳去那個地方。」

兩人把配好的兩瓶藥水、催化劑和器材裝在背包裡，就到校門對面的麵店吃晚餐。待天色完全暗下來後，惠寧

領著明雪走了段路，來到一棟廢棄的屋子前。

惠寧轉身對明雪說，「就是這裡。」

「這……不是……傳說中的鬼屋嗎？」明雪已嚇得牙齒打顫。她剛進學校時，就聽學長姊說附近的空屋鬧鬼，學生們寧可繞路，也不願靠近。明雪曾在白天觀察這棟兩層樓的房子，二樓牆壁和屋頂都呈現焦黑痕跡，似乎發生過火災。

「是啊！就因為是鬼屋，所以我敢說一定沒人打擾、也夠暗。怎麼，妳怕啦？」惠寧露出一抹淘氣微笑。

「誰說的？走！」為了面子及自己秉持的科學精神，明雪搖頭撇去鬼魂傳說，鼓足勇氣，推開滿是鏽斑的鐵門，大踏步走進屋內。惠寧緊跟著她走入。

屋裡伸手不見五指，明雪摸索著把鐵架和塑膠管放在地上，然後吩咐惠寧把兩瓶藥水拿出來。黑暗中，只聽到

　　鬼屋

惠寧慘叫，接著「匡啷」兩聲——是清脆的玻璃碎裂聲！
明雪一聽就知道不妙，今天下午配的藥水毀了！

惠寧欲哭無淚的央求明雪原諒，「對不起，我太粗
心，讓藥水瓶掉到地上打破了。」

可是明雪只心不在焉的「嗯」了一聲，沒有反應。她
以為明雪在生氣，遂再度發問，「妳有聽到嗎？」

明雪卻答非所問：「惠寧，到我這裡來。」

這時，惠寧的眼睛才漸漸適應屋內的黑暗。她發現明
雪蹲著，眼睛直盯住地上，就急忙走到明雪身旁，「妳在
看什麼？」

「妳瞧瞧我面前的這塊地板。」

惠寧這才發現地上有個淺藍色的發光痕跡，但逐漸黯
淡下去。

明雪問：「妳覺得這個形狀像什麼？」

「像鞋印。」惠寧打量一下，說出想法。

明雪點點頭，「沒錯！」

惠寧伸手由背包中摸出三個小瓶子，「咦，硫酸銅、氯化鐵和氯化亞鈷這些藥劑都還在，為什麼地上會發光？是什麼催化了光敏靈的發光反應？」

明雪沉思一會兒，冷靜推敲，「應該是血跡。血紅素裡的亞鐵離子會催化光敏靈的反應，所以可用它來檢驗血跡——這是我從偵探小說看來的。」

「啊！血跡？沒想到這裡真的是鬼屋，我還以為是學長故意騙我們的！」這下子，換惠寧嚇得渾身發抖。

「不，這是刑案現場。」明雪對案情真相的好奇心勝過恐懼，她拿出手機，「我要打電話給張倩阿姨。」

張倩是警方鑑識人員，也是明雪崇拜的偶像。

半小時後，鬼屋已是人聲嘈雜，燈火通明。大批警察前來拉起封鎖線，屋內電源也重新接上。

惠寧因受到驚嚇，在接受警方問完筆錄後，已由父母帶回，而另一名警員也要明雪離開現場。

張倩說：「讓她留下吧！是她發現染血的鞋印，我有話要問。」

明雪感激的看著張倩，「雖然我發現染血鞋印，但說不定是屋主不小心割傷流的血，所以我才先打給妳，不敢直接向110報案。」

張倩點點頭，「妳肯定覺得很奇怪，為什麼我一接到電話，就通知李警官帶大隊人馬前來吧？」

看著明雪渴望真相的雙眼，她嘆了口氣繼續說道，「妳不知道這屋子原來的主人是誰吧？她叫巧均，是我在警校的好朋友。」

「啊？這麼剛好？」明雪沒想到，全校學生口耳相傳的鬼屋，女主人竟是張倩的同學。

張倩感嘆的說，「當時我讀鑑識科，她則是刑事科。畢業後巧均擔任刑警，因辦案認識檢察官鄭宇，沒多久兩人就結婚了，可說是郎才女貌、令人稱羨的一對。他們婚後住在這棟房子。但過不久，我就聽說兩人感情不睦。兩年前某個冬天深夜，這裡突然發生火災，雖然鄰居很快就通知消防隊，只燒毀了二樓，但不幸的是，巧均卻在二樓臥室被燒死。鄭宇因到外地辦案，倖免於難。我對巧均的死因一直感到可疑，但當時我不在這區服務，火場鑑識人員發現起火點是一條破皮的電線，所以用『電線走火引發火災』這個理由結案，我也無可奈何。」

李雄剛好從屋外走進來，加入兩人談話，「案發後，鄭宇搬離這棟屋子，很快又再婚了。由於鬼屋的謠言，使

得它始終賣不出去，保留到現在，卻因為妳今晚的發現，我們決定重啟偵查。我剛才調出當年的檔案來看，可能因為鄭宇以檢察官的身分干擾，很多證據都沒有深入追究。例如死者的屍體因燒得焦黑，所以未經解剖就判定是燒死而交由家屬辦理後事；且根據旅社投宿紀錄，認定鄭宇當天人在其他縣市，有不在場證明。」

張倩拍拍明雪的肩膀，「妳今晚做的，正是鑑識人員的工作。光敏寧對血跡的反應十分靈敏，即使被清水洗過，甚至是案發多年後，只要沒用漂白水沖洗，仍然可以檢驗出來。來，妳當小助手，我們看看這間房子內還留有什麼證據。」

張倩從鑑識箱中取出兩瓶噴劑，「這是光敏靈，另一瓶則是過硼酸鈉，只要同時噴在血跡上，就會出現藍光。另外，證物旁放一把尺，我們就可以知道沾血鞋印的尺

寸。」

明雪聽得津津有味，因為她又多學到一些鑑識技巧！兩人在一樓客廳蒐證完畢後，就來到浴室。張倩隨處噴上光敏靈，發現洗手檯有血跡反應，浴室牆上甚至採集到一枚血指紋。但二樓臥室卻沒什麼斬獲，因為一片焦黑，大火吞噬了所有證據。

這時，鄭宇已聽到消息趕至現場。他在門外碰到李雄，就緊握著李雄的手說：「感謝你們重啟調查。如果不是意外，希望能抓到害死我太太的真凶！有什麼進展，請你隨時讓我知道。」

說著，他就要走進屋裡。門口員警連忙擋駕，鄭宇卻不悅的說：「開什麼玩笑？我是檢察官，也是這裡的屋主，為什麼不能進去？」

張倩向員警說，「沒關係，我已經蒐證完畢。」

鬼屋

鄭宇想向張倩打聽有什麼新證據，但張倩冷冷的說：「對不起，不便透露。」

鄭宇怒氣沖沖的環顧屋子一眼後，就奪門而出。明雪立刻把尺放在一個溼腳印旁，並拍下照片。

張倩一臉困惑，明雪輕聲說道，「我在鄭宇進屋前，已偷偷把水潑在地上，他果然踩到並留下溼鞋印。這樣一來，我們就可以知道他穿的鞋子是否和血鞋印尺寸一樣了！」

張倩點點頭，「真有妳的！我先送妳回家，明天檢驗結果出來再告訴妳。」

■　　　　■　　　　■

第二天一早，明雪醒來就迫不及待往警局跑，只看到李雄和張倩正在討論案情。

明雪看張倩雙眼布滿血絲，關心的問，「張阿姨，妳

一夜沒睡吧？身體撐得住嗎？」

張倩露出笑容，告訴明雪，「沒關係，只要能抓出殺害巧均的凶手，一切都值得。目前已知血鞋印與鄭宇的皮鞋尺寸符合，牆上的血指紋也是他的。」

「這樣可以證明他是凶手嗎？」明雪問道。

張倩嘆了口氣，「還不夠，我們現在擁有的證據，只能證明鄭宇曾在家裡沾到很多血；要找到更明確的證據，才能攻破他的不在場證明。我們應該想想當天的情況：鄭宇可能有了外遇，而癡心的巧均不願離婚，他就趁著出差、在旅社登記投宿後，連夜趕回家殺了巧均；渾身是血的他跑到樓下浴室把身上血跡洗乾淨，也把地板上沾血的鞋印用水擦過；接著他把電線表皮刮破，製造短路引起火災，然後……如果妳是他，會怎麼做呢？」

明雪說：「他必須立刻趕回旅社，完成不在場證

鬼屋

明。」

張倩點點頭，「如果能找到他半夜曾離開旅社的證據，就能攻破不在場證明！」

李雄也同意這個看法，表示會立刻往此方向追查。

張倩摟著明雪說：「走，陪我去吃早餐。」

兩人坐在早餐店窗邊，一面享受美食，一面聊天。

半個小時後，李雄興奮的走進早餐店，「我到監理所查出，案發當晚深夜一點，鄭宇的汽車在高速公路上違規被拍照，他怕張揚，所以悄悄繳交罰款——這下子拆穿他的不在場證明了！我準備向上級申請逮捕令。」

張倩激動得眼眶通紅，喃喃的說，「巧均，妳總算可以安息了！」

科學小百科

　　看完緊張刺激的推理後，你是否對明雪的餿主意：「把不同顏色的催化劑加入光敏靈，會不會產生五顏六色的光？」感到好奇？

　　其實，所謂的「催化劑」只是加速反應進行，所以不論用什麼催化劑，光敏靈發出的光都是藍色的；如果要產生其他顏色，就得換另一種反應後會發光的化學藥劑。

　　另外，為什麼故事中張倩檢驗血液時，不用雙氧水而是過硼酸鈉呢？那是因為在明雪的實驗中，雙氧水是氧化劑，硫酸銅則為催化劑；張倩檢驗血跡時，配方中雖沒有雙氧水，但多了過硼酸鈉，因為過硼酸鈉比雙氧水安定，使用前加水就會產生過氧化氫（雙氧水的主要成分），血紅素中的亞鐵離子就作為催化劑，所以兩個反應的原理是一樣的。

銀牙識途

　　這個周休二日，阿嬤要參加進香團，到數間廟宇參拜。爸爸不放心阿嬤一個人出門，便指定要明雪陪同。

　　整個行程由旅行社承辦，派出一名女性職員擔任領隊。因為整團都是老人家，只有領隊和明雪是年輕人，她們通力合作，細心照料全團。遊覽車上點唱的都是老歌，明雪只能一路睡覺；幸好沿途停靠的幾個景點都滿不錯的，所以在車上睡飽後，她就可以精神奕奕的觀賞風景了。

　　周六下午，進香團來到屏東車城福安宮。據說這是全台最大的土地公廟，其中最出名的，要算它的「神明點鈔機」——只要把金紙放在爐口，就會一張一張被吸進裡面；但廟方不允許民眾自己放金紙，香客只能擺在供桌上，由廟方人員代燒。

　　明雪對這個現象最感興趣，她在爐旁看了老半天，甚

至想把頭伸進裡面一探究竟。進香團裡的何爺爺買了很多金紙，見明雪在金爐前後探頭探腦，就開口相勸，「小妹妹，不要站那麼近！會被爐火燙到。」

明雪好奇的問：「何爺爺，你為什麼要燒那麼多金紙？」

「妳不知道啦！神明保佑我賺大錢，我是來還願的。」何爺爺虔誠的說。

相信萬事皆可用科學解釋的明雪，只好笑笑的走到一邊去。

參拜完畢後，晚上全團投宿在墾丁青年活動中心，這是漢寶德先生設計的閩南式建築，相當古樸典雅。

晚餐後，何爺爺突然叫牙疼，領隊教他用鹽水漱口，看情況是否好轉。但過了一會兒，他又開始喊疼，領隊考量狀況後，只好拜託明雪，「墾丁沒有牙醫診所，何爺爺

必須到恆春就診。但依照行程，今晚團員要搭遊覽車到社頂公園觀星，我走不開。可否麻煩妳陪何爺爺搭計程車到恆春就醫？」

社項公園因為全無光害，都市裡看不到的星星，在社頂的天空都顯得特別明亮，是個讓人期待的行程；但明雪曾跟著天文台的科學營到那兒觀星，眼前的領隊又是如此為難，所以一口答應，「好！反正社頂我去過了。我送何爺爺去看牙醫，我阿嬤就麻煩妳關照。」

領隊聞言，露出一抹感激微笑。接著，領隊就陪明雪跟阿嬤說明情況，要她「出借」孫女，阿嬤也爽快應允。

活動中心的員工趕忙叫來計程車，載他們到牙醫診所。美麗的女牙醫幫何爺爺看完診後，笑著說：「沒什麼要緊。何爺爺多年前用銀粉補過幾顆牙，如今其中一顆因多年磨損，再度出現牙洞，菜渣掉進去，引起發炎。

我先幫他消炎止痛，暫時把牙洞補起來……你們是來旅行的吧？接下來的行程可以繼續，等回家再找牙醫做根本治療。」

「銀粉？是銀和水銀混合成的銀汞齊（ㄍㄨㄥˇ ㄐㄧˋ，汞與其他金屬的合金）吧？」明雪好奇發問。

牙醫點頭，「沒錯，一般人都稱為銀粉。」

「水銀不是有毒嗎？怎麼可以放進嘴巴？」明雪發揮打破砂鍋問到底的精神。

牙醫耐心解釋，「我們每天咀嚼食物時，牙齒承受很大的摩擦力，尤其是臼齒。銀汞齊強度夠，可支撐10年以上，所以用來作為補牙材料，已有幾百年的歷史了。」

明雪不解，「難道沒有其他安全又耐磨的材料嗎？」

牙醫笑答，「當然有，像樹脂即為一例。不過有些牙醫嫌它不如銀汞齊牢固，所以目前兩種材料都有人用。等

何爺爺回到家，再由住所附近的牙醫評估，究竟要採用哪種材料填補牙洞。」

回程中，何爺爺的牙齒不痛了，心情變好，一路上談笑風生，大聲與明雪分享致富之道，「我年輕時做生意賺了不少錢，退休後就把店面交給兒子經營。我也借錢給很多人，光靠利息就夠我遊山玩水了！」

何爺爺的話中有些生意上的術語，明雪聽不懂，只能勸他，「何爺爺，人家說錢不露白，別隨便告訴他人你很有錢，會引來危險的！」

他笑了笑，從口袋拿出一個銀白色的橢圓形小電器，看起來很像手機，但沒有數字鍵，也沒有液晶螢幕，「我才不怕！我兒子何賢買了GPS個人追蹤監聽器給我，若有壞人想綁架我，只要按下這個鍵，他立刻就可以監聽到我說的話，還能知道我的位置。」

「如果你被綁架時，來不及按下監聽鍵呢？」明雪的腦筋又開始轉了起來，設想各種情形。

何爺爺放聲大笑，「那也沒關係！兒子若發現我失蹤，可以從他的手機撥出號碼，監聽及鎖定我的位置。」

明雪第一次看到這種高科技產品，不禁好奇的借來把玩一番，了解各項功能後就還給何爺爺。

何爺爺興致很高，堅持要示範一次給她看。他按下第一個按鈕，果然立刻和兒子的手機通話。他簡單向何賢說明自己牙疼，並提及明雪好心送他到鎮上就醫之事。

因為何爺爺使用擴音功能，明雪可以直接和何賢對話，待雙方客氣打過招呼，車子已抵達活動中心。進香團成員正好結束社頂觀星行程，大家看到何爺爺的牙齒不痛了，心中大石才放下來。

■　　　■　　　　　■

　　星期天早上行程是到佳洛水玩。領隊在停車場宣布自由活動，依個人體力決定要走多遠，約定兩小時後上車。

　　明雪陪阿嬤沿著海邊走了一小段路，佳洛水海天一色的美景，讓她的心情放鬆不少。但到了上車時間，卻不見何爺爺身影，大夥兒又等了半個小時，領隊也下車沿著海邊找，但毫無所獲。因為到了中餐時間，領隊怕團員經不起餓，只好請司機先載大家到餐廳，同時向當地警方報案，也趕緊通知當初幫何爺爺報名進香團的何賢。

　　聽著領隊和何賢說明情況，明雪突然想起他身上有GPS個人追蹤監聽器，就要求與何賢直接通話，「何先生，我是昨晚才和你講過電話的明雪……對，你快啟動追蹤監聽器，看看何爺爺人在何處？」

　　何賢可能驟然聽到壞消息，一時慌了手腳，此時經她

提醒，如夢初醒，「好！我立刻監聽，有消息馬上通知妳！妳的手機號碼是？」

明雪快速念了一串數字，接著掛斷電話，耐心等待。15分鐘後，她接到何賢的電話，「明雪，我只監聽到一小段，爸爸與人邊用餐邊說話，還抱怨筷子碰到牙齒會又酸又麻。接著，他又向人炫耀追蹤監聽器，結果一陣嘈雜聲，訊號就中斷了……」

明雪有點疑惑，「是你主動監聽，而非何爺爺按下監聽鍵？」

何賢沉吟了一會兒，「對，我想可能是爸爸認識的人，所以他不認為是綁架，否則，他早該按下監聽鍵通知我了。」

「何爺爺最後發出信號的地點在哪兒？」明雪問。

何賢據實以報，「嗯……監聽器發出的簡訊顯示，發

銀牙識途

話地點在恆春鎮恆南路，而且在我監聽的那幾分鐘裡，都沒有移動。」

「知道恆南路幾號嗎？」明雪追問。

何賢苦笑，「這機器沒辦法鎖定那麼詳細的位置……」

這時，屏東警方已派員來到餐廳，詢問案發經過。明雪趕忙把目前掌握的訊息告訴警察。

因為警方不清楚何爺爺的長相，加上領隊得照顧團員，警員就請明雪協助尋找何爺爺下落。待向阿嬤說明後，明雪才坐上警車，一起前往恆南路。

到了恆南路，明雪發現這條路滿長的，要從何找起呢？她思考了一會兒，提出建議，「我們先從附有餐廳的大飯店找起吧！」

警員們疑惑的望向她，「為什麼？」

明雪解釋，「雖然何爺爺未按下監聽鍵，但帶走他的人一定不懷好意，否則應該先跟進香團成員打聲招呼才對，所以他們不可能帶何爺爺到公開場合。我聽爸爸說過，大飯店的房間可由停車場直接搭電梯抵達，所以我認為，它就是藏匿人質的最佳地點；加上何賢說他聽到父親正在用餐……為爭取時效，我們應從附有餐廳的大飯店著手。」

　　警察對這個小女孩的精密推論嘖嘖稱奇，「小妹妹，妳還不錯嘛！這樣的話……範圍就縮小到7間大飯店了。」查詢過相關資料後，警方漸漸鎖定搜尋範圍。

　　明雪回了個「謝謝稱讚」的微笑，「接著，再鎖定餐廳使用金屬筷的大飯店。」

　　「為什麼？」這次連負責開車的警察，都訝異的回過頭來詢問。

　　明雪緩緩道出推論，「何爺爺有好幾顆牙都用銀粉補過，當金屬筷接觸到銀粉時，不同金屬間會產生微弱電流，原理就像伏打電池一樣。電流雖微弱，仍會使人覺得牙齒又酸又麻。」

　　開車的員警點點頭，「我在恆春服務十幾年了，這條街上的每間餐廳都去過，我知道7家飯店中哪間使用金屬筷！」

　　警車很快駛進其中一家大飯店，警察詢問櫃台人員：「剛才有沒有一位老人叫餐飲進房間？」

　　「今天是假日，很多房間都點了午餐，但沒看到老人……不過，剛有一位年輕男子訂房及點餐，然後又匆匆退房，清潔人員才剛要進去打掃。」服務生一看到警察前來，知道必定有事發生，趕緊回報異狀。

　　明雪和員警交換了眼神，急忙趕往那間房，把正開始

要打掃的清潔工請出門外，聯絡鑑識人員前來蒐證。這時，明雪看見房內的咖啡桌上，有吃了一半的飯菜及三雙不鏽鋼筷，地上則撒落數顆乾電池，「就是這裡沒錯！當何爺爺炫耀追蹤監聽器時，歹徒知道行跡敗露，就把電池拔出，立刻帶他離開⋯⋯難怪訊號中斷，何賢無法繼續追蹤！」

在此同時，留守樓下的警察要求飯店提供地下停車場監視器畫面，果然發現兩名歹徒押著老人搭電梯直接下樓，到停車場開車離開，難怪櫃台服務生從頭到尾都沒見到老人。

當明雪一行人回到樓下時，留在櫃台的警員興奮宣布，「我從監視器畫面查到車號了！已通知總部封鎖道路，準備逮人！」

不久，歹徒在屏鵝公路落網。原來，他曾向何爺爺借

錢，因為積欠金額太大，還不出來，就心生歹念，認為只要何爺爺死了，這筆錢就不必歸還。幾經打探後，他聽說何爺爺參加進香團，就找來一名同夥，跟蹤遊覽車到佳洛水，等待何爺爺落單。接著，他出面邀請何爺爺到大飯店吃飯，還向何爺爺再借一筆錢——待錢到手、殺害何爺爺後，除了原來的債不用還，又能大賺一筆！

由於歹徒與何爺爺本就相識，所以他不認為自己被綁架，直到歹徒搶走監聽器拔除電池，他才知道對方不懷好意，但已遭人控制，身不由己。幸好明雪推論正確，和屏東警方聯手，及時查到歹徒行蹤，他才能平安獲救。

■　　　　■　　　　■

旅遊結束，明雪和阿嬤回到溫暖的家。爸爸問阿嬤，「明雪有沒有好好照顧妳？」

阿嬤笑看明雪一眼，調皮的說：「沒有，她都『趴趴

走』，我常常找不到她！」 爸爸深知自己母親正在開玩笑，但仍配合演出，故意用責怪的眼神看著明雪。

不知所以的明雪急著辯解，「哪有～我每次離開阿嬤時，都有交代領隊幫我照顧她……」接著，她就把在福安宮和何爺爺交談，送他去看牙醫，及如何幫助警察救回他的過程全都詳述一番。

明安聽得入神，不過他只對神明點鈔機感興趣，「為什麼福安宮的金爐，會把金紙一張張吸進去呢？」

「關於這點，我一直到回程時才想通。金爐內燃燒紙錢時，會產生上升氣流，從排氣口出去。所謂有出就有進，因此外界空氣會再由爐口進入，也帶動金紙自動飛入爐中。」明雪完全忘記剛才仍緊張解釋「丟下阿嬤」事件，開心和弟弟分享自己的大發現！

篤信神明顯靈的阿嬤大聲反駁，「胡說！那其他地方

的金爐怎麼不會吸金紙呢？」

　　明雪努力解釋，「有哇！我們燒金紙時，常會發現紙錢飛舞，只不過其他廟宇的金爐有數個爐口，而福安宮的金紙因為由廟方派專人代燒，所以只打開一個爐口，對流現象更為明顯。只要有心設計，爐口小而少，上面的排氣口大而直，就會出現這個現象！」

　　阿嬤仍喃喃自語，「我還是相信那是神明顯靈……」

　　爸爸笑著對明雪說，「阿嬤對妳越來越不滿了！」

　　明雪尷尬的吐了吐舌頭，趕緊拎著行李，溜進自己的房間。

科學小百科

　　大家都知道，水銀（也就是汞）因為表面張力大，不會黏附玻璃，加上體積膨脹均勻，因此能做成溫度計。但你可知水銀常以各種面貌，出現在我們生活周遭？汞是種銀白色液體，暴露在潮溼空氣中，顏色會漸漸變暗，在約-39℃時，凝固成柔軟固體，且能與大多數金屬形成汞齊合金。水銀導電性好，適用於密封的電器開關和繼電器中；密度高和蒸汽壓低，所以常可見於氣壓計和壓力計；電子、塑膠、儀器、農藥等工業裡，水銀及其化合物更常被用來作為原料或催化劑！如此看來，汞像不像個令人讚嘆的千面女郎呢？

曲高和寡

國文老師正在講台忘情吟著古詩。他今天刻意換上唐裝、手持扇子，一邊吟詩，一邊搖扇，配上滿頭白髮，真是仙風道骨。明雪和同學們都帶著微笑，聚精會神欣賞老師抑揚頓挫的吟唱。

突然，一陣刺耳聲響起，班上同學回頭尋找來源。只見坐在最後一排的惠寧左手抓著行動電話，右手食指則放在脣邊，示意同學別大驚小怪，快回過頭繼續聽課。

明雪瞄了老師一眼，只見他仍閉目誦唱詩句，好像陶醉在自己的吟哦中，根本沒聽到手機聲。

下課後，同學把惠寧團團圍住，七嘴八舌發問：

「為什麼妳的手機要選那麼難聽的鈴聲？」

「好尖、好刺耳喔……」

「為何全班都察覺了，只有老師沒聽到？」

惠寧得意的為大家解惑，「你們不知道嗎？這是最近

在歐美廣泛流行的『蚊子鈴聲』——只有年輕人能聽到，中、老年人無法察覺！」

　　怎知她的答案未讓同學滿意，反而引起更多問題：

　　「啊？這麼神奇！哪裡可以買到？」

　　「物理老師不是說，人類能感受到的音頻範圍是20～20,000赫茲（Hz）嗎？難道年輕人和老年人能聽到的頻率也不一樣？」

　　惠寧被纏得不耐煩了，粗聲回答，「不知道啦！反正我是從網路下載的。上課時我會切換到蚊子鈴聲，一旦手機響，就趕快按掉，然後用簡訊和朋友聯絡，這樣就不會因為接電話而被老師處罰！」

　　「妳切換成振動模式，放在貼身口袋，就可以隨時知道有來電，又不會驚動別人，不是更好嗎？」明雪不解的問。

惠寧露出神祕笑容，「我正在試驗最新的作弊方式啦！如果班上的高手寫完題目後率先交卷，在教室外打手機，每題都撥一通電話──若只響一聲，答案就是Ａ；響兩聲的話則是Ｂ……依此類推。反正老師聽不到，這樣一來，全班都可以高分過關啦！」

正直的明雪大聲斥責，「妳怎麼會這樣想！首先，考試帶手機，該科以零分計算，難道妳不知道嗎？其次，若妳公然作弊，我會去檢舉的！」

惠寧沒想到明雪會這麼生氣，只好吐了吐舌頭，撒起嬌來，「我開玩笑的啦！幹麼那麼凶？」

明雪搖搖頭，惠寧是班上最調皮的女生，人雖然不算壞，但鬼點子特多──看來，自己得多注意她的行為。

下一堂剛好是物理課，有同學好奇的問老師，年輕人和老年人能聽到的音頻是否不同？

物理老師為大家解惑，「年紀大的人因聽力受損，有老年性耳聾，無法察覺高頻聲音。但日常交談不受影響，因為一般人說話的頻率大約只有85～255赫茲左右。」

看同學聽得津津有味，她欲罷不能，「英國有家保全公司利用此原理，製造『青少年超音波驅逐器』。因為當地許多便利商店門口，常聚集一些無所事事的年輕人，既不購物又大聲喧譁，使一般顧客不敢上門；自從裝上超音波驅逐器後，它會發出約14,400～17,000赫茲的高頻刺耳聲，使他們不想逗留在商店門口，但年紀較大的顧客根本聽不到，所以生意不受影響。」

這時，惠寧指著物理小老師說：「老師，奇錚每次到速食店，點一杯可樂就在那裡K書2、3個小時。應該建議店長也裝設一台，趕走他這種『奧客』啦！」

奇錚打了惠寧一下，惹得全班哄堂大笑。老師制止打

　　　　曲高和寡

鬧中的兩人，宣布停止這個話題。接著，她回頭在黑板上寫下今天的課程內容。

這時，惠寧的手機又發出尖銳的聲音，她迅速把它關掉。

沒想到，老師立即回頭質問：「誰的手機發出聲音？到教室後面罰站3分鐘！」

惠寧皺眉大喊，「老師，你怎麼聽得到蚊子鈴聲？老年人應該聽不到才對啊！」

物理老師又好氣又好笑，「我今年才27歲，妳就說我是老年人？罰站延長為30分鐘！」

惠寧委屈的癟嘴，全班又是一陣哄堂大笑。

■　　　　■　　　　■

當晚，明雪因為寫物理作業，很晚才上床睡覺。

好夢正酣時，她卻被消防車鳴笛聲吵醒。起床探看，

窗前一片紅光，人聲沸騰——原來是隔街的電器行發生火災。經消防隊搶救，火勢逐漸受到控制；但鄰居們仍議論紛紛，擔心屋主邱輝、他的獨子小合及房客翁老先生的安危。

天微亮時，屋子雖全被燒燬，但聽說邱輝外出，且7歲的小合和翁老先生都逃了出來，只受到輕微嗆傷，已送至醫院檢查，鄰居們這才放心的回家睡覺。

早上7點，明雪吃過早餐後就步行上學。路過火災現場，消防隊已在屋子四周拉起警戒線，禁止民眾進入，等待鑑識人員調查起火原因。由於她參加過數次刑案現場勘察，已累積出一些心得，因此對此次意外也感到十分好奇。

正在思考火災可能發生的原因，明雪無意間低頭看到手錶——7點半！她跳了起來，三步併作兩步，匆匆往學校

走去。想歸想，還是上課要緊！

放學時，明雪又經過火災現場，卻發現魏柏背著相機，由警員陪同，走出封鎖線。她急忙上前打招呼，「魏大哥，好久不見！你的傷勢恢復了嗎？」

魏柏是私家偵探，因為在無意間搭救過明安，所以成為明雪一家人的好朋友。不久前，魏柏才因一椿委託案而受傷。

魏柏乍見明雪，有點吃驚，但仍笑著回覆，「完全好了，現在又出來工作啦！」

聊了幾句後，明雪邀他到家裡坐坐，魏柏也欣然同意。

到家後，媽媽倒了一杯熱茶給魏柏，隨口問起，「這次火災怎會由你調查？」

「這家電器行投保巨額火險，保險公司當然要調查有

沒有可能是自己縱火，以領取保險金。因為我和那家公司簽有合約，所以他們委託我調查。」魏柏說明來龍去脈。

媽媽皺眉輕呼，「這場大火真可怕！還好小合逃出來了。這孩子善良又聰明，鄰居都很疼他。」

明雪好奇的個性又蠢蠢欲動，「調查結束了嗎？為什麼起火？」

魏柏欲言又止，「呃……調查還沒結束。但根據消防局火災調查科的初步勘驗，起火原因頗為可疑。」

明雪追問，「怎麼說？」

魏柏本來不願多談，但因為明雪在前次刑案推理上有驚人表現，幫他找到可疑線索，讓追殺的凶手現身，可說是欠她一次恩情。於是轉念一想，聽聽她的意見，說不定對釐清案情有幫助，「起火點有些燒燬的電器。本來我們認為是電線走火，但後來化驗出有汽油的痕跡，所以懷疑

　　　　　曲高和寡

屋主自己縱火，詐領保險金……」

「不可能！」媽媽反駁，「邱先生很疼小合，要是他存心縱火，絕不忍心把孩子留在家中。他的電器行生意本來不錯，但自從兩年前和太太離婚後，就染上酗酒惡習，三更半夜還在外面流連；再加上白天完全無心經營，生意當然一落千丈。在不得已的情況下，幾個月前把房間分租給翁老先生，增加收入。」

魏柏點點頭，「據他自己說，昨晚是等小合睡著後才外出。火災發生時，他正和朋友在喝酒，很多人都可以作證。」

媽媽附和，「對啊！即使他天天酗酒，但對兒子還是很照顧，不會這麼沒良心啦！」

「若真是如此，我們就得再尋找其他縱火嫌犯了……不過，現場燒燬的電器殘骸分散在兩個角落，其中一角是

定時器及驅蚊器，另一邊也同樣有定時器及電熱器，而且還有汽油痕跡。此種布置一定有用意，我還在思考該如何解釋？」魏柏說明目前掌握到的證據。

明雪沉思了一會兒，「魏大哥，你有沒有問過小合，昨晚他在睡夢中，怎麼知道要起床逃命？」

「問過了，他說被一種奇怪的聲音吵醒，但說不出那是什麼聲音；而翁老先生則不記得火災前有任何噪音，他一直處於熟睡狀態，是小合敲他房門，叫醒他一起逃命。」魏柏翻翻筆記本，為明雪解惑。

媽媽露出欣慰笑容，「這小孩真聰明，他不會騙人啦！一定是菩薩保佑，把他吵醒，讓他去救人。」

明雪看著魏柏，「你還會再找小合問話嗎？」

他看了一下手錶，「我已經請邱輝、小合和翁老先生今晚到我辦公室。」

　　明雪提出要求，「請容許我在隔壁房間……」

　　「妳想幹什麼？偷聽人家說話很不禮貌！」媽媽打斷明雪的話，訓斥了一番。

　　「媽～我保證不會偷聽他們說話啦！」明雪使出撒嬌攻勢，和魏柏交換了默契眼神。媽媽看到此景，只得無奈搖頭。

　　　　■　　　　　■　　　　　■

　　晚上八點，邱輝帶著小合及翁老先生來到柏克萊偵探社。魏柏一面提問，一面把他們的答話內容記下來。

　　忽然，小合興奮嚷嚷：「就是這個聲音把我吵醒的！」那是種刺耳的嗡嗡聲，讓人有點不舒服。

　　沒想到，翁老先生卻一臉茫然，頻頻問道：「哪有什麼聲音？」而邱輝則驚慌失措，不斷環顧四周，尋找聲音來源。

魏柏看到他們的反應，心底已有定案。請翁老先生帶小合出去後，他疾言厲色的說：「邱先生，我已知道是你縱火詐領保險金！」

　　邱輝急忙否認，「哪……哪有？你別胡說！」

　　「昨晚你等小合入睡後，在家中把定時器等電器設置妥當才出門。當你和朋友到達酒廊，定時器啟動音波驅蚊器，發出高頻聲音把小合吵醒，但翁老先生卻無法聽見。十分鐘後，另一個定時器引發電熱器點燃汽油，從屋子角落開始燃燒，才造成這場火災。」魏柏緩緩道出邱輝的計謀。

　　邱輝臉色發白，大聲辯解，「我這麼愛小合，怎可能讓他置身險境？」

　　魏柏直視他倉皇的眼神，「你一定很有把握他當時會被驅蚊器的噪音叫醒，並能協助翁老先生即時逃出。這種

簡單的設置，也難不倒你這位電器專家。一般人會以為這是湊巧或天意，才讓善良乖順的小合逃過這場劫難。對兒子的關心及人不在現場的事實，讓你擺脫縱火嫌疑，又可領到保險費！」

邱輝呆了半天，知道犯案手法已被拆穿，只好俯首認罪，「沒辦法，電器行的生意不好，我積欠不少債務。如果不這樣做，我實在還不起……」

魏柏搖搖頭，「你難道沒想到，火勢可能延燒到鄰居？這些人平常都幫你照顧小合，你怎麼可以做出這種事？而且，萬一小合睡得太熟，沒有醒來怎麼辦？為了錢，連兒子的命都能拿來當賭注，更何況還有無辜的翁老先生也會被連累，你真是太沒良心了！」

「對不起，都是酒害了我……」邱輝掩面啜泣。

魏柏通知了警察和社工分別帶走邱輝及小合，接著步

進辦公室旁的小房間——明雪正笑吟吟的望著他。

魏柏露出佩服的眼神，「明雪，妳怎麼知道小合聽到的聲音是音波驅蚊器？」

「有一陣子，爸爸都會幫爺爺採筍，但竹林裡蚊子太多，就買了音波驅蚊器帶在身上。只有即將產卵的母蚊會吸人血，這種電器會發出12,000～15,000赫茲的高頻聲音，模仿公蚊聲波，使待產母蚊不想靠近。爸爸每次一打開，我都覺得很吵，但他說聽不到，還嘲笑我是蚊子投胎的，才聽得到公蚊聲波。」憶起這段往事，明雪一臉不甘心。

魏柏哈哈大笑，「你們父女的對話還真幽默！」

明雪沒好氣的繼續說明，「那個音波驅蚊器就是到邱輝店裡買的，我想他對電器功能必定瞭如指掌。今天下午聽你描述火場的狀況後，我心裡就有了譜，才請你設下這

　　　　曲高和寡

個局，看看是否能趁邱輝心虛時攻破心防——他比我爸爸年輕，或許對音頻有反應。如果剛才我在隔壁啟動驅蚊器時，小合沒有反應也就算了，反正對我們沒有損失嘛！」

　　魏柏朗聲說道，「是是是，多虧妳這個小偵探的見多識廣及細膩心思。看來，我得多跟妳討教才是！」

　　明雪害羞的搔了搔頭，兩人四目相交，爆出一串輕鬆笑聲……

科學小百科

　　超音波是指任何聲波或振動的頻率，超過人類耳朵可以聽到的範圍即大於20,000赫茲。但某些動物，例如小狗、鯨豚、蝙蝠，卻能接收我們聽不到的聲音。

　　另外，超音波由於高頻特性，被廣泛應用在許多領域，例如工業方面，包括焊接、鑽孔、粉碎、清洗等；軍事方面則用於雷達定位；醫用超音波可看穿肌肉及軟組織，常用來掃描器官，以協助診斷。

白色舞衣

　　星期五明雪放學回家時，媽媽正要出門。她交代明雪：「我去找鄭阿姨，妳帶弟弟去吃晚餐。」

　　「跳舞的鄭阿姨嗎？」明雪好奇的問，媽媽點了點頭。

　　鄭阿姨本名叫鄭柔，是位有名的舞蹈家，和媽媽是高中同學。明雪還小的時候，只要鄭阿姨有演出，爸媽就會帶著全家前去欣賞。鄭阿姨的舞姿曼妙優美，但後來因為練舞導致頸椎受傷，無法再度登台，只好專心經營舞蹈社。明雪也曾上過幾個月的課，後來轉而對科學產生興趣，才不再學舞。

　　「我好久沒見到鄭阿姨了，媽，我可以跟妳去嗎？」明雪撒嬌的說。

　　「妳弟弟的晚餐怎麼辦？」媽媽放心不下。

　　明雪拍拍胸脯，「放心，打電話要他自己到速食店

吃，他肯定一口答應。」

　　果然，還在球場上奮戰的明安接到姊姊的電話後，立刻欣然接受。媽媽則在一旁要明雪轉告他：「明晚是鄭阿姨最後一次指導學生演出，務必空出時間，全家都要去捧場！」

　　掛上電話後，明雪有點不解：「最後一次指導？」

　　媽媽感傷的點點頭，「鄭阿姨雖無法親自登台，仍會指導學生演出。因為體力越來越差，她決定明天演出後，舞蹈社就要交棒給學生經營。她一生未婚，全部心血都花在學生身上。幸好他們都很爭氣，有好幾個已在舞蹈界小有名氣，她本人也可以安心退休了！」

　　明雪驚呼：「這麼早就退休？我們是到舞蹈社找她嗎？」舞蹈社有兩層樓，一樓是練舞場地，二樓則是放置道具的倉庫及鄭阿姨的辦公室兼臥室。

媽媽搖頭，「不，他們今晚在劇場彩排，我們快點出門吧！」

■　　　■　　　■

兩人到達劇場時，彩排已經開始。因為很多學生都認識媽媽，所以熱情招呼她們坐在觀眾席的第二排。鄭阿姨坐在第一排，只向她們微笑點了點頭，就專心盯著台上演出。學生在她面前擺了張小茶几，上頭有杯正在冒煙的熱開水。

台上飾演仙女的年輕女子身穿全白舞衣，正以優美身段旋轉跳躍著。

媽媽悄悄對明雪說：「她叫謝智，是所有學生中最有才氣的，不但人漂亮、舞跳得好，還懂得裁縫，很多舞衣都由她製作。」

不久，上來一名扮演丑角的男生，臉塗得白白的，跳

著滑稽舞步，讓明雪笑得前俯後仰。

媽媽邊笑邊說：「這是張彥昕，很有搞笑天分，管理才能極佳，舞蹈社的行政事務由他掌管。」

聽聞兩人都是得意門生，明雪深感好奇，「鄭阿姨會把舞蹈社交給誰呢？」

媽媽搖搖頭，「不知道。明天表演結束後，她才會宣布繼承人。」

彩排中途，明雪到外面上廁所。當她關上廁所門時，聽到有人匆匆踏入，低聲講手機。「你放心，我有把握老師一定會把舞蹈社交給我……再寬限幾天……等賣掉房子，我就有錢還你……」

由於悄聲談話，明雪聽得不太清楚。那人結束通話後又匆匆離去，明雪出來洗手時，已不見人影。

彩排結束後，鄭阿姨摸摸明雪的頭，「幾年不見，妳

都長這麼高啦！」

「阿姨，妳為什麼那麼早退休？」明雪問道。

鄭柔嘆了口氣，「唉！頸椎的傷讓我長期失眠、頭痛，沒辦法再教舞……」

媽媽關心的說：「妳要多注意身體，別太勞累了。」

她無奈回覆，「我已經嚴格控制飲食，只喝白開水，三餐也都以蔬果為主。但有什麼辦法？身體還是一直惡化。」

因為學生還等著鄭阿姨對彩排做評論與指導，閒聊幾句後，明雪與媽媽便離開劇場。

■　　　■　　　■

星期六晚上，全家人早早用過晚餐，便搭車到達劇場。爸爸問媽媽：「要不要先到後台和阿柔打招呼？」

媽媽想了一會兒，「我看不要，她現在肯定忙得

很！」

全家人坐定後，不斷向台前張望，卻沒看到鄭阿姨的身影。不久，燈光熄滅，表演即將開始。

媽媽有點不安，「怎麼還沒看到阿柔？」

爸爸拍拍她的手背，「別緊張，也許還在後台忙吧！」

言談間，謝智出場了，白色舞衣襯托出優美體態，胸前一朵紅花使她更顯嫵媚，觀眾不禁發出讚嘆。

接著，飾演小丑的張彥昕也上場了，他搞怪的演出把觀眾逗得哄堂大笑。

一個多鐘頭後表演結束，舞者全部出場謝幕，仍未看到鄭阿姨上台。觀眾散去後，明亮的表演廳內，還是不見她的人影。

「這麼重要的場合，她不可能缺席！」媽媽覺得不對

勁，帶著全家到後台尋找。

後台鬧哄哄的，工作人員正忙著收拾道具。明雪四處張望，仍沒看到鄭阿姨，卻發現謝智、張彥昕和幾名舞者正與李雄談話。由於表演剛結束，大家的妝來不及卸除，舞衣也都穿在身上。

爸爸看到李雄在場，嚇了一跳，「你怎麼會在這兒？」

「我來辦案，你們怎麼也在這裡？」李雄也很訝異。

「辦案？」李雄的回答讓整晚沒見到鄭柔的媽媽有不祥之感。

「舞蹈社負責人鄭柔在一個小時前，被人發現遇刺身亡，陳屍在舞蹈社二樓的臥室中。」他語調沉重。

「什麼？」媽媽雙腳一軟，差點跌坐地上，幸好爸爸扶住她，明雪急忙搬了張椅子讓媽媽坐。

李雄得知媽媽和鄭柔是同學，又聽明雪敘述昨晚目睹鄭阿姨指導表演的經過，就回頭向舞者問話。「說說昨晚彩排後的事吧！」

　　謝智難過的說：「彩排後，所有人直接坐車回到舞蹈社又開了場檢討會，然後老師就要我們回家，說今天表演前再來搬些小道具就可以了。」

　　李雄詢問大家：「你們離去後，還有誰見過鄭柔？」

　　學生們你看我、我看你，紛紛搖頭。一名圓臉的女學生突然出聲，「今天下午我最早到達舞蹈社，見大門鎖著，剛要按門鈴，張彥昕就到了。他開門讓我進去，但仍然不見老師……」

　　「等一下，除了張彥昕外，還有誰有鑰匙？」李雄找到關鍵點。

　　眾人搖搖頭，張彥昕說：「只有我有，因為老師要我

負責社裡的總務工作。」

李雄打量張彥昕一陣子，接著又問：「你們進入舞蹈社後沒見到鄭柔，不會覺得奇怪而去敲她的房門嗎？」

「老師近來常失眠，有時白天需要補眠，會在門口貼張『休息中，請勿打擾！』的字條，我們就不敢敲門。」張彥昕低聲解釋，嗓子有點啞。

李雄又問：「你們確認字條上的筆跡是鄭柔的嗎？」

幾名舞者點點頭，「沒錯，那是老師的筆跡，而且她有重複使用字條的習慣。」

謝智補充，「出發前，老師仍然沒有步出房門，我們才決定敲門，不過還是毫無回應。我和張彥昕討論後，先帶演出人員到劇場，留下姿虹繼續等老師。」

姿虹就是那個圓臉的女學生，她蒼白著臉，「我每隔

幾分鐘就敲門，但一直沒人回答，最後只好請鎖匠來開房門，結果發現老師渾身是血的趴在桌上，地上還有把沾血的水果刀，我才急忙報警……」

李雄點點頭，「我知道了，剛才謝謝妳帶我們過來。現在請大家留下個人資料，若日後有需要找各位問話時，請與警方合作。」

眾人被數名員警分開帶走，明雪走到李雄身邊詢問：「李叔叔，這是謀殺案，不用蒐證嗎？」

「張倩已經在鄭柔的臥室蒐證了，包含血跡、水果刀上的指紋等，那張貼在門上的字條也要做筆跡鑑定。」李雄說明。

明雪瞥見謝智看向李雄，被發現後又迅速轉過頭去，表情有些怪異，心中一震，便提出建議，「或許……劇場裡的物證更重要！」

　　李雄大吃一驚，「這裡還有物證？但案發現場是舞蹈社啊！」

　　明雪猶豫片刻，「我不是很有把握，但總覺得⋯⋯有件舞衣很可疑⋯⋯」

　　李雄不解，壓低聲音問：「擁有鑰匙的張彥昕嫌疑應該最大，妳是指⋯⋯？」

　　「不，或許不是他！張彥昕的行蹤當然要查，但昨天我和媽媽觀賞彩排時，謝智的舞衣是全白的，為何今天胸前多了一朵紅花？我學過幾個月的舞蹈，了解彩排就是正式演出前最後一次的排練，使用的服裝道具都和演出時一樣⋯⋯雖然這只是件小事，但既然發生了命案，我覺得任何不對勁的事都值得追查。」明雪仔細分析。

　　李雄想了想，快步走向謝智，要她換下白色舞衣以利化驗。謝智十分激動，「為、為什麼？嫌疑最大的應該是

持有鑰匙的人，為何要化驗我的舞衣？」

李雄定睛看她，口氣極為強硬，「請和女警合作，立刻把舞衣換下！」

眼見李雄一臉「沒得商量」的表情，謝智只好不甘願的被請走。

接著，李雄勸明雪一家先回去，待釐清案情後，再告知他們真相。

■　　　■　　　■

隔天中午，明雪就接到張倩電話。明雪深知一定和鄭阿姨的案情有關，立刻趕往警局。當她到達時，李雄和張倩正交換意見，桌上擺了厚厚的檢驗報告和筆錄。

張倩發現明雪到來，開門見山的說：「我拆掉謝智舞衣上的紅花後，發現下面有濺射的紅色汙漬，經過檢驗證明是鄭柔的血。根據鄭柔身上的傷口研判，凶器是她平常

白色舞衣

慣用的水果刀，不過刀柄經過擦拭，沒有任何指紋。門上字條經筆跡專家鑑定，確實是她寫的沒錯！另外，我們還在門後角落發現玻璃杯碎屑。」

李雄接著說：「張彥昕已提出不在場證明，洗刷嫌疑；那張字條鄭柔平時就會重複使用，只要能進入她的臥室，任何人都可將之貼在門上。但依照謝智說法，她在周五晚上離開後就未進過老師臥室，但白色舞衣上卻有鄭柔血跡。由於涉及重嫌，目前正在局裡接受偵訊。」

張倩補充，「我們推論出，謝智當晚並未離開舞蹈社，而是先躲起來，待眾人離去後才行凶，因此舞衣才染有血漬，離去前還將字條貼在門口。但我們想不透幾個疑點：行凶後，謝智舞衣上應有大量噴灑血跡，怎會只有一個汙點？現場玻璃碎屑和案情有否關聯？因此想請妳回想周五彩排和周六演出的所有細節，看是否能找到線索。」

明雪難過的說，「我想，謝智是……為了錢才殺害鄭阿姨……」

李雄瞪大雙眼，「為什麼妳會這樣說？」

明雪說出鄭柔有意將舞蹈社交棒給弟子之事，並敘述周五在女廁中聽到的內容，「那些話斷斷續續的，鄭阿姨出事後我才發覺，此人肯定是呼聲極高的接棒人選，等著繼承舞蹈社後將它賣掉以償清債務……這兩個學生中，只有謝智會進出女廁……」

張倩接續推論：「所以周五當晚，謝智進入鄭柔房間後，詢問老師交棒給誰，結果不如預期，她一怒之下，就隨手抓起水果刀，刺殺鄭柔。」

李雄仍有不解之處，「這樣一來，她身上應該會有大量血跡，等她回家後，只要洗去血跡即可，怎會縫製紅花企圖掩飾呢？這豈非更引人質疑？」

　　三人沉默了一會兒，明雪好像想到什麼，大聲喊道，「我知道了！周五彩排結束後，我看到謝智在舞衣外罩了件外套！大部分的血肯定都濺到外套上，只有少數沾到舞衣。但她為何用紅花遮蓋，這我就不知道了……唉，鄭阿姨自從受傷後，努力維持身體健康，甚至只喝熱開水、吃大量蔬果，沒想到還是這麼早就走了……」

　　明雪雖然聰慧絕頂，但畢竟有過一段師生情緣，生離死別的傷痛自然難免，李雄和張倩僅能溫言撫慰。張倩還特意倒了杯熱茶讓她平靜一下，看著桌上冒著白煙的茶水，張倩忽然念頭一閃，「或許……正是鄭柔的熱開水讓謝智無所遁形！」其他兩人好奇的望向張倩，一副洗耳恭聽的模樣。「鄭柔被刺後，或許曾拿起裝有熱水的杯子，扔向謝智，玻璃碎片才會散落一地……」

　　明雪驚呼一聲，「對了！我聽化學老師說過，蛋白質

遇熱會變性凝固，血液裡含有大量蛋白質，遇熱自然也有同樣反應！」

■　　　■　　　■

張倩讚賞的點點頭，「有刑事專家做過研究，血跡若用肥皂水清洗過，用光敏靈檢驗出的機率是50％；但如果曾遇熱，檢驗成功機率會大大提高。」

李雄迅速將案情串連起來，「所以謝智回到家中，急著清洗舞衣，卻發現血跡遇熱後凝固，怎麼也洗不掉。因為隔天就要登台表演，來不及重做一件，她只得冒險，在血跡上縫製大紅花，企圖掩蓋一切！」

三人眼神交會，明白真相大概八九不離十。李雄於是找來幾名員警，下令調查謝智財務狀況、全力尋找那件沾有血跡的外套等相關事宜後，便接手偵訊謝智，看是否能一舉突破她的心防，讓她招供實情。

大家來破案

　　不久後，李雄帶回好消息——謝智聽到警方檢驗出舞衣上有鄭柔的血跡、掌握她向地下錢莊借貸卻投資不利的近況，還在舞蹈社後院一堆裝著等待清運的廢棄道具的黑色垃圾袋中，發現沾有鄭柔血跡的外套後，終於俯首認罪。

■　　　■　　　■

　　明雪回家後，一五一十的將鄭阿姨命案的來龍去脈告訴媽媽。

　　媽媽想起鄭柔花費心血栽培學生，沒想到竟被忘恩負義的謝智所害，不禁眼眶一紅，抱著明雪流淚。隨後轉念一想，最後是由自己的女兒為她抓出凶手，阿柔若地下有知，應該也會很欣慰吧！

科學小百科

　　誠如文中所述，蛋白質遇熱會凝固，因此不只血跡，就連蛋液和牛奶等物質造成的汙漬都禁用熱水清洗，因為其中含有大量蛋白質，只會讓你越洗越髒！

　　衣物剛沾染上這些難搞的汙漬，到底該怎麼辦呢？建議你可立即用冷水清洗，再用肥皂重複搓揉數次就OK！如果還是洗不乾淨，可先用去汙力較強的肥皂水浸泡一晚，隔天就可輕鬆除垢，還你一件「白閃閃」的衣物！

水火同源

　　下課時間，同學們都在討論昨天電視上的新聞。某名江湖術士將一疊金紙放在手中，喃喃念過咒語後再丟進水盆，神奇的事情就此發生——被水浸溼的金紙竟起火燃燒！記者報導，這名男子宣稱擁有法術，使他主持的神壇香火鼎盛，因此賺了不少香油錢。

　　部分同學相信這位法師真的有法術，「事實擺在眼前，由不得你們不信！水是用來滅火的，但他竟能由水引發火，真是太神奇了！」

　　有人抱持反對態度，「拜託，都什麼時代了，還信這一套？他肯定動了手腳，只是我們不知道在哪裡罷了……嗯，說不定那盆根本不是水，或者金紙是特製的！」

　　惠寧扯了扯明雪的衣袖，「這則新聞妳看了嗎？」

　　明雪搖搖頭。

　　惠寧興奮的說：「我有看過，真的很神奇！但我不相

信那是法術。妳覺得哪裡被動了手腳？」

　　明雪苦笑，「我根本沒親眼看過，怎麼會知道？不如下一堂化學課問問老師吧！」

　　上課時，老師聽完大家的問題後，笑了一笑，「這個法術我也會，你們等我一下！」接著他就離開教室。

　　同學們面面相覷，「老師也會施法？」

　　過了幾分鐘，老師端著塑膠盆走進教室，裡頭裝了一些實驗器材。他把塑膠盆放在講桌，戴好安全眼鏡和手套後，便拿起其中一個玻璃瓶，要全班同學注意看。

　　明雪注意到瓶裡是透明油狀的液體，其中還浸泡著幾顆灰色固體。

　　老師補充，「這裡面的固體是鈉，它的活性很大，在空氣中會迅速氧化，所以書本上都說鈉要儲存在石油中——其實是煤油啦！因為煤油是石油的成分之一。」

大家來破案

　　接著，老師拿起空杯子，要明雪去裝半杯自來水。
「為了避免等一下有人懷疑這個法術，誤認我在水裡動手
腳，所以請明雪去拿水。她總不會騙你們吧？」

　　等明雪回來後，老師要她把水放在講桌上，接著抽出
一張濾紙，「因為鈉的表面沾滿煤油，所以我們要用濾紙
吸乾煤油。」老師打開裝鈉的小瓶子，用鑷子夾起油裡的
固體，放在濾紙上。

　　「你們看，它目前呈現灰色，那是和空氣中的氧反應
的結果。我用小刀把氧化物去除，讓你們看看它本來的面
貌。」老師熟練的切下一小塊鈉，約莫只有綠豆般大小，
再削掉表面的薄層。大家驚訝的發現，鈉的顏色不再灰蒙
蒙的，而是具有金屬光澤的銀白色。

　　老師接著說明，「現在我得馬上進行實驗，否則鈉又
會與氧化合，恢復成灰色。」他迅速將鈉丟到水中，只

見它在水面不停打轉，先是冒出一點煙，然後出現火焰，隨著鈉在水面移動，火焰也跟著跑，直到鈉作用完畢而消失，火焰才跟著不見。

看到老師和電視上的術士一樣，不靠火柴或打火機就能在水面變出火來，同學不禁興奮的鼓掌。

老師笑著回應：「我比他還厲害，連咒語都不必念，就能從水裡變出火來！明雪，妳是化學小老師，妳可以解釋法師是在哪裡動手腳嗎？」

明雪思索了一會兒，「我想，他是把鈉藏在金紙裡，當金紙被放入水中時，水與鈉發生反應後就起火燃燒，引燃一部分尚未浸溼的金紙。」

老師點點頭，「完全正確。老師再問妳，妳國中時有做過鈉與水的實驗嗎？」

明雪遲疑片刻，「沒有，只有在課本上看過照片。」

班上同學全都附和的點點頭。

老師笑嘆一口氣：「因為這個實驗很危險，只要鈉粒像花生那麼大，就可能引起爆炸，所以不敢讓國中生進行實驗。但我很訝異，既然你們都看過相關照片，怎麼沒人將術士的把戲跟學過的化學知識結合呢？」

明雪低下頭暗自反省，這麼簡單的手法，自己怎麼沒想到？

老師又拿出外型像眼藥瓶的小瓶子，裡頭裝著透明無色的液體，「這是酚酞指示劑，它在酸性和中性的溶液裡都呈現無色，只有遇到鹼才會變成紅色。」接著，他加了兩滴酚酞到化學反應完成的那杯水中，果然呈現鮮豔的粉紅色。

「鈉與水反應時，除了產生可燃的氫氣，還有鹼性的氫氧化鈉。」老師補充。

生性頑皮的惠寧又動起歪腦筋，「老師，可不可以請你使用大顆一點的鈉，讓我們見識見識它在水上爆炸的情形？」

　　老師嚴聲拒絕，「不行！要做這麼危險的實驗，得有萬全的安全措施，不能在一般教室進行。好啦！這個實驗就到此為止。因為老師下課時要趕到教務處領取高三的模擬考卷，明雪，等一下妳幫我把這些實驗器材拿回設備組歸還。」

　　明雪點點頭，惠寧則熱心的說，「我幫妳。」

　　老師不放心的叮嚀了一句，「鈉很危險，一定要立刻送回去。」看著明雪和惠寧乖巧的應了一聲，他才開始上課。

　　下課時，明雪小心的端著塑膠盆往設備組走，惠寧跟在她身旁。經過辦公室時，導師正巧看見她們經過，便走

　水火同源

到門口叫住明雪，明雪只好把塑膠盆交給惠寧，跟著導師走進辦公室。

仔細記住導師交代她明天下午大掃除要注意的事項後，明雪便快步走出辦公室，繼續跟惠寧一起往設備組前進。

待歸還所有器具，離開設備組之前，她還回頭看了一眼裝器材的塑膠盒——幸好鈉還在。當調皮的惠寧自告奮勇要陪她歸還器材時，她還擔心惠寧是不是想偷走那瓶鈉，自行試驗它的爆炸威力。原來自己誤會她了！

放學時，明雪和惠寧有說有笑的步出校門，驀然發現魏柏的身影。

「嗨！魏大哥，你怎麼站在這兒？」明雪出聲詢問，接著為惠寧和魏柏介紹彼此。

待打過招呼後，魏柏露出苦笑，「我是專程來找妳

的。」

「喔？有什麼事嗎？」明雪感受到一絲不尋常的氣息。

「是這樣的啦……」魏柏尷尬搔頭，「妳知道，我跟一家保險公司簽訂合約，負責調查理賠事件。近來有一間知名園藝連鎖店，兩年內四家分店被燒燬，讓保險公司賠了不少錢，最近一次火災還在前天發生。雖然知道事有蹊蹺，但他們找不到人為縱火的證據，我接手後也沒有頭緒……上次妳不是幫我解決電器行火災的案件嗎？所以我才想請妳去現場看看。」

聽到又有挑戰，明雪躍躍欲試，「我是千百萬個願意啦！但我得先跟媽媽說一聲，還有我同學……」

她的應允讓魏柏臉上的陰霾一掃而空，「別擔心！我剛剛已經打電話跟伯母說過了，她要妳別太晚回家就

好。」

古靈精怪的惠寧也興致勃勃，「安啦！我不急著回家。」

待惠寧打電話取得父母同意後，魏柏提議，「我們先到園藝店創辦人——程家霖正常營業的其他分店看看吧！」

明雪和惠寧互看一眼，士氣高昂的坐上魏柏的車。

■　　　　■　　　　■

程家霖的店販賣盆栽和園藝材料，店鋪中央擺放著各式各樣的花草植物，為保持植物翠綠，上方裝有定時澆灌的水管。靠牆處則有許多園藝用品，包含花盆、肥料、蛇木等。明雪仔細查看每項商品，園藝店店員親切的詢問她想買什麼？明雪只是笑笑的擺了擺手。

走出店門後，明雪說：「現在到前天燒燬的店去看看

吧！」其他兩人點頭表示贊成。

　　經過幾十分鐘的車程，三人來到火災現場。四面牆已燒得焦黑，園藝用具也面目全非，眼前景象一片狼藉，只有店中央的花草植物堪稱完好。

　　「魏大哥，起火點在哪兒？」明雪逛繞一圈後，出聲詢問。

　　魏柏指著牆角一團焦黑難辨的物體，「就是這個捕蚊燈。鑑識人員發現以它為中心，屋裡的物品都向外倒，因此懷疑曾發生爆炸，但沒查到炸藥殘跡。」明雪又問：「程家霖本人有不在場證明嗎？」

　　魏柏翻了翻筆記，「有，因為他的分店很多，每天都會輪流巡視。火災發生當天，程家霖正好到這一家分店，打烊時他讓店員先下班，自己最後才離開。據他供稱，鎖完店門後他搭公車轉乘捷運回家。警方調查發現，火災是

　　　　水火同源

在程家霖離開一小時後發生，他正好在捷運站，有監視器畫面為證。」

明雪蹲下去仔細觀察，又步至花草盆栽區檢視。她注意到地上有一坨白色泥漿，抬頭一看，上面正好是澆花水管的出水口。

耐不住性子的惠寧大聲嚷嚷，「明雪，妳在看什麼？」

明雪解釋，「妳看，上面是出水口，這裡卻有白色泥漿……」

反覆念了幾次「水、爆炸」之後，惠寧突然興奮的大叫：「我知道了！程家霖把鈉放在地上，等灑水時鈉就自動引爆啦！明雪，我這次比妳早破案！哈！」

明雪皺起眉頭，「有點不對勁，地上的白色泥漿……」

「誰說不對？我證明給妳看！」惠寧從書包裡拿出狀似眼藥瓶的瓶子，在白色泥漿上擠出幾滴液體，結果立刻呈現粉紅色。「妳看，是鹼性，是鈉沒錯！」

看到惠寧「舉證」的工具，明雪又好氣又好笑，「早上我就覺得妳那麼熱心陪我去還器材，肯定別有用心。妳果然偷拿實驗器材……還好，我本來擔心妳會拿走鈉。」

「不要說『偷』嘛，多難聽啊！我只是看酚酞遇到鹼性物質會變成漂亮的粉紅色，所以想拿一些出來玩玩。鈉太危險了，我才沒那麼笨呢！萬一它在我書包裡爆炸，那可不是鬧著玩的。」惠寧依舊嘻皮笑臉。

眼看兩人你來我往，魏柏舉起雙手制止，「妳們先等一等。剛剛惠寧說的，就是程家霖的縱火手法嗎？」

惠寧點點頭，但明雪仍持反對意見，「她的推論有誤。」

水火同源

「為什麼？」惠寧很不服氣。

明雪娓娓道來，「首先，早上老師實驗完畢後，杯子裡有白色泥漿嗎？」

惠寧想了想，「好像沒有，杯子裡的水還是透明的。」

「其次，如果是用水引發鈉爆炸，起火點會在出水口下方，而非牆角的捕蚊燈。你們想想，四周的牆壁都燒黑了，為何這些花草沒事？這表示火災發生時，澆花的水管正在灑水，所以起火點必定不在這裡。」

惠寧一下子洩了氣，「好吧，那為什麼這堆白色泥漿會呈鹼性呢？」

明雪噗哧一聲笑了出來，「鹼性的東西那麼多，妳怎麼知道它必定是氫氧化鈉呢？魏大哥，鑑識人員曾檢驗這堆白色泥漿嗎？」

「有，程家霖供稱這是他店裡販賣的石灰，經過檢驗後，也證實是熟石灰。據專家表示，石灰遇水的確會變成熟石灰，但找不出它和案情的關聯性。」魏柏來回翻著筆記本，詳細說明。

　　惠寧不解，「石灰？園藝店為什麼會賣石灰？」

　　對園藝店做了一番調查的魏柏解釋，「長期施肥的土壤會變酸性，所以要添加鹼性的石灰使土地的酸鹼值恢復正常，因此園藝店才會販賣石灰。」

　　惠寧恍然大悟的「喔」了一聲，明雪則沉默的思考著熟石灰、自來水、捕蚊燈和爆炸之間的關聯。驀地，一個關於園藝店的回憶襲上明雪心頭……記得愛種水果的阿嬤有次為了催熟，請她路過園藝店時順便買點電石回家，那時她因為好奇，特地上網查詢電石的特性。

　　「對了！我知道程家霖的手法啦！」突如其來的大

　　　　水火同源

喊，讓惠寧和魏柏嚇了一跳。

兩人異口同聲發問：「妳已經破解他的犯案手法了嗎？」

「嗯，這坨泥漿並非淋到水的石灰，而是程家霖在打烊後，將店裡賣的另一種商品——電石倒在這裡，插上捕蚊燈的電源，才鎖門離開。待定時澆水器啟動，電石遇水會產生乙炔及熟石灰。乙炔是可燃氣體，會四處擴散，而園藝店種了這麼多花草，必定會引來許多小昆蟲，只要有一隻觸及捕蚊燈的電網，就可能擦撞出火花，同時引爆乙炔！」明雪仔細說明她的推論。

魏柏雙手擊掌，「難怪即使程家霖遠在捷運站也能引火，爆炸中心在捕蚊燈、屋裡物品向外倒，及出口水下方的熟石灰也都得到圓滿解釋！咦，明雪，妳怎麼知道園藝店會賣電石這種物品？而且還對它的特性一清二楚？」

「哈哈！因為我阿嬤曾託我在園藝店買電石，讓她種的水果趕快熟成。那時我對這種不熟悉的物質很感興趣，所以就查了一下資料，發現它遇水後會產生乙炔及熟石灰。剛剛你們一直提到熟石灰，才讓我想起往事。」明雪微笑說明。

魏柏雖為明雪破解如此完美的犯罪手法感到高興，但轉念一想，嘴角不禁再度下垂，「如果石灰與電石遇水反應後都會留下熟石灰，那我們怎麼知道當初程家霖灑下的是電石而非石灰？」

明雪兩手一攤，「兩者遇水的反應我們在國中和高中都學過，我只是憑知識做出推理罷了，其他的仍得靠警方補強證據囉！但我倒是可以貢獻一點線索——當我們把電石加水時，除了產生乙炔外，還有一股很臭的味道，但書上卻說乙炔無色無臭；當時我曾問過老師，他說那是因為

　　　　　水火同源

電石含有硫和磷等雜質，所以才有臭味。你不妨建議警方檢查泥漿裡除了熟石灰外，是否還有硫和磷等成分。」

魏柏在筆記本上寫下明雪的推論及建議後，如釋重負的點了點頭。

「終於解決了，我們去吃晚飯吧！」明雪一臉輕鬆的挽著惠寧往外走去。

魏柏邊收起筆記本，邊笑著回應：「妳幫了大忙，我請妳吃晚餐。」

「你還是快請鑑識專家詳細分析這坨泥漿，再詢問園藝店的工作人員當天程家霖有沒有什麼奇怪的舉動。等破了案，再讓你請客。」明雪貼心的說。

惠寧在旁邊插嘴：「見者有分，我也要吃大餐！」

明雪瞪了她一眼，「這瓶酚酞的帳我還沒跟妳算呢！妳還想吃大餐？」

惠寧吐了吐舌頭，做了個「歹勢」的表情，魏柏則被兩人逗得哈哈大笑。

■　　　　■　　　　■

隔天的大掃除時間，明雪接到魏柏來電，「警方仔細化驗白色泥漿後，由裡頭的雜質證明那是電石與水反應的殘餘物。另外，他們在店門口找到電石粉末，顯示當天縱火的人灑下電石後，有些碎屑還沾黏在衣物上，當他匆匆離去時便留下證據。警方詳閱另外三起火災的調查報告，也都發現現場留有白色泥漿，只是當時的調查人員僅證明其為熟石灰，找不到它和整起縱火案的關聯。」

明雪出聲詢問：「那程家霖呢？」

魏柏沉吟了一會兒，「雖然花費許多時間，警方終於在程家霖待洗的衣物上發現電石碎屑，突破他的心防讓他俯首認罪了。禮拜六中午我請吃大餐，我已打電話邀請伯

　　水火同源

父、伯母，他們都答應了，妳記得幫我邀明安和惠寧一起來。」

明雪看了旁邊的惠寧一眼，「昨天設備組的老師在清點器材時，發現少了一瓶酚酞，結果追查到是惠寧拿走的。」明雪停頓了一下，故意大聲的說：「要邀惠寧嗎？很可惜耶，她沒口福啦！老師罰她這個禮拜六到學校幫忙整理實驗器材。」

從明雪對話得知大約發生什麼事情的惠寧，只得哭喪著臉，為自己的頑皮付出慘痛代價而懊惱不已！

科學小百科

　　乙炔（C_2H_2）在室溫下是一種無色易燃的氣體，除了可焊接金屬外，也是製造聚氯乙烯（PVC，塑膠的一種）的原料，在工業上用途不少。

　　本文所述的電石（CaC_2）遇水產生乙炔及熟石灰（$Ca(OH)_2$）的反應方程式則為：

$$CaC_2 + 2H_2O \rightarrow Ca(OH)_2 + C_2H_2$$

　　植物在腐敗過程中會釋出乙烯催熟，但乙烯不易製造，因此果農大多用電石製造乙炔，同樣有催熟效果。

水火同源

籠中鳥

　　看完電影《頂尖對決》後，惠寧對劇中魔術師的高超手法佩服不已，她高興的宣布：「這次段考後的同樂會，我要表演魔術！」

　　明雪有點訝異，「妳又沒學過魔術，怎麼變得出來？」

　　「哈！」惠寧語帶不屑，「這有什麼困難？只要挑個簡單一點的，例如電影中的『籠中鳥』魔術，就沒問題啦！而且我家正好養了一隻可愛的金絲雀，可以拿來表演，順便炫耀一番。」

　　明雪記得那個魔術──魔術師先向觀眾展示長寬約15公分、高約20公分，由鐵絲圍成的長方型鳥籠，並讓大家確認裡頭真的有一隻活生生的小鳥，接著他動了動手指，「啪」的一聲，籠子和鳥同時不見！觀眾皆拍手叫好，但是……

　　明雪忍不住責罵惠寧：「妳看電影時是看到打瞌睡，

還是天性殘忍？」

　　經她提醒，惠寧想起電影的細節——現場所有觀眾都相信魔術是假的，只有一名小男孩悲慟大哭，並聲稱：「魔術師殺了小鳥！」他的阿姨還不斷告訴他魔術是假的。後來電影揭露手法，原來魔術師把籠子摺疊起來、變為六片方形柵欄時，小鳥當場就被夾死了！他再以迅雷不及掩耳的手法，把籠子和小鳥都藏進袖子裡。只有小男孩看得真切，其他人都被魔術師騙了。

　　惠寧沉思了一會兒，「嗯……這樣好了，我先用相機把金絲雀拍下來，表演時以照片代替小鳥。能把那麼大的鳥籠變不見，對我這個業餘魔術師來說，已經是非常困難的挑戰了！」

　　明雪點頭贊成這個改良方式。

　　「那表演時妳要當我的助手喔！」惠寧乘機央求明雪

　　　　籠中鳥

幫忙。

「好啦！我先想想鳥籠要怎麼設計，才能快速摺疊成六片柵欄，而且一定要疊得夠緊，才好塞進袖子裡。」明雪拿出紙筆，著手畫起鳥籠設計圖。

惠寧看著明雪專注的模樣，不禁偷笑。這就是她找明雪當助手的原因，電影裡雖然揭穿了魔術的手法，但只用幾個鏡頭就交代過去；當她實際操作時，許多細節還得慢慢推敲；若找明雪幫忙，需要動腦的部分明雪自然會全力以赴，她只要風光上台表演就行了！

■　　　　■　　　　■

兩天後，明雪終於突破瓶頸，破解鳥籠的設計，也到五金行買了鐵絲，用尖嘴鉗製成鳥籠。經過幾次測試，鳥籠終於可以成功摺疊，便把它交給惠寧。「接下來就是妳的工作了。妳要多多練習，當天才不會失手。」

惠寧高興的反覆把玩鳥籠，「真酷！它能摺疊成薄片耶！但還是太大了，我的袖子塞不進這麼大的東西……」

　　「妳要買一件袖子寬大的黑袍，外面罩著斗篷，這樣才像魔術師呀！」明雪幫忙出主意。

　　惠寧點點頭，「沒問題，我會準備妥當的！這個周末妳陪我練習好不好？那天我爸媽會跟著進香團到北港朝天宮拜拜，家裡沒有其他人，我們正好可以安心練習。」

　　「但是下周三就要段考了……」明雪有點為難。

　　惠寧發揮撒嬌功力，「拜託嘛！下周五一考完就要舉行同樂會了，這是我們唯一可以練習的機會。」

　　「好吧！」拗不過惠寧，明雪只好無奈的答應。

　　　　■　　　　　■　　　　　■

　　周六當天，明雪帶著課本到惠寧家，無論如何，她希望能抽空讀書。惠寧住在某棟大廈的二樓，門口有警衛，

明雪說明自己要找210室的住戶。

警衛詳細詢問：「妳找哪一位？」

因為惠寧姓黃，明雪就依實回答：「黃小姐。」

聞言，警衛透過對講機求證，但等了很久都沒人回應。他說：「曾先生家沒人接聽喔！」

「曾家？我要找的人不姓曾呀！」明雪拿出惠寧的地址，再度確認。「對不起，是201室。」

警衛笑了一笑，「喔，這兩間房子正好是對門。因為曾太太姓黃，我還以為妳找她呢！」

再次拿起對講機，果然是惠寧接的。警衛讓明雪進門，她走上二樓後，發現210室果然在惠寧家的正對面。「還好沒人在，否則我就尷尬了。」

惠寧請明雪進入屋內，她很快的換上黑袍及斗篷，明雪一看，真有幾分魔術師的架式。

接著，她在明雪做的鳥籠裡擺放一張小鳥的照片，「我用它代替真的小鳥，這樣就行了吧！」

明雪點點頭，忽然聽到鳥啼聲——抬頭一看，客廳裡掛了一個鳥籠，裡頭有隻黃色的金絲雀。

「她叫阿黃，很漂亮吧？」看明雪注意到自己的寵物，惠寧驕傲的說。

「嗯，真漂亮！」明雪走到鳥籠旁，伸出手指逗弄阿黃。

「好了，別玩了，開始練習吧！」惠寧催促著，她想早點完成練習，才能多看一點書。希望自己這次的物理別像上學期一樣，瀕臨及格邊緣。

惠寧認真的練習，明雪則從旁指導。但她好幾次都被籠子夾到手，痛得哇哇大叫，「明雪，妳設計的鳥籠不管用啦！」

明雪又好氣又好笑，只好親自示範。「妳先用兩根手

籠中鳥

指撐開鳥籠，到時候，只要手指頭離開，鳥籠就會自動摺疊成片，也不會夾到手。」

知道訣竅後，惠寧鬆了口氣，「還好有妳陪我，否則靠我一個人練習的話，就算手指頭被夾斷也練不好！」

之後，惠寧又自行練習了好幾次，但手法仍然不甚完美。明雪在一旁看著，有點昏昏欲睡。她努力抬起沉重的眼皮，發覺惠寧的動作越來越遲緩，鳥籠甚至掉落地上，惠寧卻不去撿，只是疲倦的躺在沙發上睡著了。

她們怎麼都這麼累呢？明雪有點疑惑，但仍癱在沙發上，心想先睡一覺再說。就在她仰起頭，把脖子靠在沙發把手上的那一刻，突然瞄見鳥籠裡的金絲雀竟兩腳朝天！莫非牠已經死了？明雪在意識模糊之際，努力思考這個問題……

「不對！惠寧，快醒來，出事了！」電光石火間，明

雪突然弄清楚到底發生了什麼事，急著大喊出聲。見惠寧動也不動，她撐起異常疲憊的身軀，跑到窗邊打開窗戶，吸了幾口新鮮空氣，然後憋著氣，回頭去拉惠寧，死命把她拖出門外。

惠寧經過一番拉扯，終於清醒過來，但仍然有氣無力，「怎……怎麼啦？我……好想……睡……」

明雪不答話，一鼓作氣的把她拉到樓梯口。因為惠寧家在二樓，從樓梯逃生比搭乘電梯快。她扶著惠寧，跌跌撞撞的跑到樓下。

經過警衛室時，明雪使盡力氣大喊：「這棟大樓……一氧化碳外洩，請、請立即通知救護車前來，並用對講機……通知住戶疏散！」

警衛被兩人的異狀嚇了一跳，但看到她們似乎沒什麼大礙，趕緊依言疏散民眾。

　　明雪把惠寧扶到草地上，她仍然虛弱的站不起來，明雪也喘得不得了，兩人只能坐著休息。

　　不久，消防隊與救護車都到了，兩名救護員欲將惠寧抬到擔架上，但她卻掙扎站起身來，「沒關係……我……還能走。」

　　■　　　　■　　　　■

　　這時，明雪聽到警衛向消防隊長報告：「我已通知所有住戶趕緊疏散了，只有210室無人回應。」 明雪看著消防員在隊長的指示下戴上面罩，準備進入210室搜索，頓時安心許多。「幸好210室沒人……」

　　醫護人員扶著惠寧和她坐上救護車，幫兩人戴上氧氣罩，「碰」的一聲關上車門，向醫院急駛而去。

　　■　　　　■　　　　■

　　因為惠寧和明雪中毒不深，在醫院做完檢查、證明沒

有大礙後，醫生就表示她們可以返家。明雪的爸媽接到通知時都嚇壞了，趕到醫院探視寶貝女兒；惠寧的父母則因參加進香團，無法即時趕回來，只能請明雪的爸媽幫忙照顧惠寧。

警方對此事件也展開調查，負責的警官李雄向明雪的爸媽略作說明後，就在病房裡進行問話。「明雪，通常吸入一氧化碳會讓人不知不覺陷入昏迷，所以這種毒氣有『沉默殺手』的封號。告訴我，妳是怎麼發覺一氧化碳外洩的？」

明雪虛弱的回答：「惠寧養在客廳的金絲雀突然暴斃，使我產生警覺。我記得曾在書上讀到，19世紀末有位科學家發現，金絲雀對一氧化碳的毒性反應比人類快速，因此將牠當作測試煤礦礦坑中一氧化碳濃度的指標。如果金絲雀突然暴斃，表示毒氣太濃，工人得趕快撤出礦

　　籠中鳥

坑⋯⋯」

　　她喘了口氣，繼續說明：「當我發現惠寧和我都昏昏欲睡時，就感到有點不對勁，又抬頭看到金絲雀突然死了，立刻聯想到一氧化碳中毒。」

　　李雄贊許的點點頭，「妳真聰明！還好妳警覺性高，否則妳們兩人可能就會像210室的曾太太一樣，被送入加護病房了。」

　　「什麼？210室的曾太太？我以為那間房子沒人在家。」明雪有點訝異，便把早上記錯號碼，警衛打電話到210室的經過講了一遍。

　　李雄感到有點不對勁，遲疑的說：「不，那間房子有人在家。消防隊員破門而入時，曾太太已經昏倒在地，而且身旁有個鋁製臉盆，裡面裝著木炭餘燼，一氧化碳大概就是燃燒木炭時所產生的，經由門縫擴散到惠寧家，造成

金絲雀和妳們中毒。其他住戶因為距離較遠，所以中毒症狀比較輕。」

明雪心中滿是疑惑：如果曾太太在家，為何不接電話？莫非當時她已經昏迷了？如果中毒這麼久，還救得活嗎？

李雄看著明雪沉思的神情，繼續說明，「曾太太因為中毒頗深，現在仍於加護病房搶救中，還沒脫離險境。我們已聯絡上她的先生曾明彥，他和朋友原本要前往海邊釣魚，聽到消息已經趕回來了。我們初步在電話裡進行詢問，想知道他太太是否有自殺的徵兆，曾先生表示她患有憂鬱症，一直在看心理醫生。」

惠寧幫忙補充，「對面的那對夫妻經常吵架，附近鄰居都知道兩人感情不睦，黃阿姨看起來也很不快樂。」

李雄把這些資訊寫進筆錄裡，「這樣正好驗證了曾先生的說法，顯示他太太的確有自殺傾向。」

　　離開醫院後，明雪告訴爸媽，她考試要用的書還在惠寧家。

　　爸爸說：「沒關係，反正我們要先載惠寧回家，妳上樓拿了書就趕快下來。雖然妳們很幸運，中毒不深，但看起來很虛弱，還是要多休息。」

　　明雪點頭應允。

　　明雪陪惠寧走進大門時，看到一堆住戶圍著警衛，聽他講述事發經過。「要不是我機警，引導消防隊員進入210室，到現在可能還沒人發現曾太太昏倒在地，那她就真的沒救了。」

　　大家都稱讚警衛先生及時救人一命，他也感到很得意。

　　明雪停下腳步，「伯伯，早上210室明明就沒人回應，你怎麼知道那間房子還有人沒逃出來？」

警衛回過頭，「因為在妳抵達前的三分鐘，曾先生才獨自出門，加上曾太太患有憂鬱症，整天足不出戶，所以我猜她還在家裡。只是平常若有朋友來訪，她都會透過對講機，請我讓她的朋友上樓；但她今天絲毫沒有回應，我才懷疑妳是否找錯人。」

　　這時，一名中年婦女又把警衛拉回原來的話題：「真了不起！哪個住戶出門了沒？你都記得一清二楚，不然哪，消防隊的救人時機可能又要往後拖延了。」

　　眾人七嘴八舌的稱讚警衛先生，還想多了解事件的明雪只得陪惠寧上樓，拿了書後，趕快回到車上。

　　一路上，明雪安靜的思索整起事件。正巧鑑識科的張倩來電慰問。「明雪，我聽李警官說妳中毒了，要不要緊啊？案情的來龍去脈我已經聽他說明過了。」

　　「我不要緊，現在已經出院了，正在回家的路上。

　　籠中鳥

嗯……關於案情，我有一些建議……妳可不可以到醫院抽取曾太太的血液，進行藥物檢驗？」明雪語帶遲疑。

張倩停頓了一下，接著反問：「為什麼？妳覺得哪裡有問題嗎？」

「只是覺得這起案件有點怪異，像曾先生離開家的時間點、他太太在家卻沒回應對講機……」明雪雖然有些昏沉，但仍敏銳的察覺不對勁之處。

電話那頭的張倩要明雪放寬心，「沒問題，這是一件疑似自殺的案例，警方本來就會介入調查。妳好好靜養吧，我會將整起事件查個水落石出的。」

聊了幾句之後，明雪苦笑的關上手機。好好靜養？那她的段考怎麼辦？

■　　　　■　　　　■

好不容易，段考結束了，雖然不甚滿意，但明雪自認

應該可以低空過關。自從中毒事件之後,她一連幾天身體虛弱,無法專心念書,現在終於可以好好休息了。

當天下午的同樂會如期舉行,惠寧因為疏於練習,所以在台上不斷被鳥籠夾到手,同學們笑得東倒西歪。她心念一轉,反正自己本來就不是專業的魔術師,表演的目的只是搏君一笑,乾脆就盡情耍寶吧!出乎意料,這項魔術表演反而成為同樂會中最精采的節目。

同樂會結束之後,明雪走出校門,發現張倩正在門口等她,並招呼她上車。「段考結束了吧?到警局聊聊!」

許久沒和張倩碰面的明雪應聲稱好。

在車上,張倩好奇的問:「我聽李警官說,無論是曾明彥或惠寧的證詞,都指出曾太太非常不快樂;經我們向醫院求證,她確實罹患憂鬱症,現場也有燒炭痕跡。鐵證如山的情況下,妳為什麼還建議我檢驗曾太太的血液?」

籠中鳥

「我的判斷錯了嗎？」明雪不安的問。

張倩搖搖頭，「不，妳沒錯。我今天來就是要告訴妳，因為我對曾太太的血液進行藥物檢驗，讓案情大逆轉。檢驗報告指出，她曾服用大量安眠藥，所以才會昏睡不醒；也因為這項發現，讓醫師修正了治療方法，針對一氧化碳及藥物中毒雙管齊下，目前曾太太已經清醒了。她堅決否認有自殺意圖，當天早上曾先生不尋常的端給她一杯咖啡，她喝了一口之後就不省人事。李警官目前正在偵訊曾明彥。」

明雪興奮的叫了出來，「我就知道！因為警衛說，曾先生在我抵達前的三分鐘才離開，所以我想那時她還沒燒炭，否則他也走不成。如果曾先生離開後，曾太太才開始有所動作，她能否在短短的三分鐘之內生火燒炭，而且還陷入昏迷，以至於沒人回應。因此，我就猜測警衛用對講

機詢問時，她已經因為別的原因而陷入昏迷……」

張倩接續說道：「凶手是點燃木炭後才離開，意圖製造曾太太自殺的假象，在這種情況下，曾明彥的嫌疑最大。我們推測，他深知妻子的憂鬱症病歷會令警方採信自殺的說法，加上只要用安眠藥迷昏太太，她就完全沒有逃生的機會，必定會因一氧化碳中毒而死。」

「如果不是金絲雀暴斃，使我產生警覺，恐怕連我和惠寧都會一起陪葬！我覺得自己好幸運喔！」明雪心有餘悸的說。

張倩拍拍她的肩膀，「明雪，這不是幸運。妳平日閱讀大量課外書籍，是知識救了妳一命！」

這時，張倩的車已接近警局，李雄正好率領幾名員警，從局裡走了出來。

看到明雪下車，李雄趨前握住她的手，「明雪，妳這

籠中鳥

次又立了大功！剛才我們突破曾明彥的心防，他已坦承犯案。他因為外遇不斷，夫妻倆經常吵架，太太甚至罹患憂鬱症。前幾天，兩人又大吵一架，曾明彥心生不滿，才想出這個殺妻計畫。」

張倩嘆了口氣，「一個女人若遇人不淑，當然會有憂鬱的傾向啦！」

明雪點點頭，「就像關在籠中的小鳥，真可憐！」

李雄聽著兩人的抱怨，只得苦笑回應。

張倩面容一整，轉頭對明雪說：「別談這個了，我請妳喝杯咖啡吧！」

「咖啡？」明雪尚未從令人感傷的案情中走出來，一聽到咖啡就起了戒心。

「妳想太多了！」張倩拍拍她的後腦，兩人相視大笑。

科學小百科

　　一氧化碳（CO）無色無味，使得一般人中毒時仍不自覺。它會影響氧氣的供給與利用，造成組織缺氧，特別是代謝速率較高的器官（例如心臟與腦部）。中毒症狀包括：頭昏、惡心、眼花、嗜睡、抽搐及死亡等；甚至有部分病人在恢復意識後，經過一段時間，竟又因遲發性腦病變，而引起智能減退、步態不穩、行為退化等症狀。

　　在台灣，一氧化碳中毒的案例好發於冬天。為隔絕寒意，大多數人習慣緊閉門窗。此時裝置於室內的瓦斯器具易因含氧量不足，產生燃燒不完全的現象，因此釋出大量一氧化碳，造成多起不幸悲劇。經相關單位長期呼籲，民眾才警覺這個隱形殺手的強大殺傷力，進而注意保持室內通風，並正確使用熱水器。

籠中鳥

暗夜明燈

今天是星期天，閒閒沒事做的惠寧打電話給明雪，抱怨假日太無聊。時序已進入冬天，明雪提議趁著現在氣溫較低，山上的蚊子也少了，何不到山上走走？閒得發慌的惠寧一口應允。

暖冬的陽光猶嫌炙熱，幸好周遭樹林茂密，讓一向怕曬黑的兩個小女生彷彿有了把綠色大保護傘。

步道上遊客稀稀落落，走不到一半路，竟只剩惠寧和明雪兩人，真是「前不見古人，後不見來者」。她們倒也不甚在意，仍邊往山上走邊欣賞優美風景。

不久，惠寧嘟嘴抱怨：「我餓了。爬山真的很耗體力耶！」

「我知道前面有座涼亭，那裡有賣飲料和泡麵。」明雪曾跟父母來這兒爬山，總是在涼亭飽餐一頓後才繼續往上爬。不只他們，許多遊客也習慣在涼亭歇腳，體力好的

人繼續登頂，腳程較差的吃完東西後便折返下山。

今天遊客非常稀少，明雪不確定在涼亭賣食物的阿婆是否有做生意；但為了鼓勵惠寧往上爬，姑且用食物鼓舞她吧！

一聽到前頭有東西可吃，惠寧精神奕奕，加快腳步往前走。

約莫走了15分鐘，終於到達涼亭。大概生意太冷清了，阿婆在涼亭裡打瞌睡。

待明雪叫醒阿婆後，阿婆殷勤的招呼兩人。

「阿婆，我們要吃泡麵！」惠寧開心大喊。

「啊？對不起，因為生意不好，今天還沒燒熱水。妳們等我一下，開水馬上就好。要不要先喝杯冬瓜茶？很解渴喔！」

明雪和惠寧坐在涼亭的椅子上喝冬瓜茶，等著阿婆煮

暗夜明燈

泡麵。

　　阿婆按了幾下瓦斯點火槍，但只產生零星的火花。「奇怪，怎麼壞掉了？」

　　明雪見狀，感興趣的說：「讓我看看，以前做實驗時我曾用過這種點火槍。」

　　她拆開點火槍一看──原來沒燃料了，雖有火花出現，但無法形成火焰。她對阿婆說：「點火槍要換一把新的了！」

　　阿婆尷尬的搔搔頭，「歹勢、歹勢！」

　　飢腸轆轆的惠寧連忙阻止她，「沒關係啦！妳把泡麵賣給我，我捏碎了就可以直接吃！」

　　「不煮熟怎麼能吃？」阿婆疑惑的問。

　　惠寧大笑出聲，「這種吃法正流行呢！」

　　明雪則拿著點火槍走到爐邊，對阿婆說：「請妳打開

瓦斯，我來試試看。既然有火花，應該可以點燃瓦斯才對。」

　　阿婆扭轉開關，明雪乘機將點火槍移到爐口，同時按下開關。「轟！」的一聲，爐火瞬間點著了。

　　阿婆趕緊煮水，將兩份泡麵放入鍋裡煮，順便打了兩顆蛋。

　　惠寧好奇的問明雪：「妳剛剛拆開的點火槍裡不是沒有電池嗎？為什麼按下開關會產生火花？」

　　「點火槍引火並非依靠電池，而是壓電晶體。」明雪好心為她解惑。

　　「壓電晶體？」

　　「對，這種晶體可將壓力轉變為電壓──按下開關的瞬間產生壓力，壓電晶體就將之轉換成幾千伏特的電壓。高電壓經電線傳導至槍口與另一條地線間，便產生放電現

象,因此出現火花。」

「好神奇喔!」惠寧感到不可思議。

明雪笑著回應,「瓦斯爐也是利用壓電晶體點燃的呀!」

「但我家的瓦斯爐不是用按的,是用旋轉的耶⋯⋯」惠寧不解的說。

「不管如何啟動開關,只要將壓力傳導到壓電晶體上,就會造成電壓及火花。上次做實驗時,我發現點火槍不需電池就能產生火花,便請教老師其中原理,這些都是老師告訴我的。」

惠寧點點頭,對明雪的博學多聞更加崇拜了。

這時,阿婆端來兩碗泡麵,明雪和惠寧就捧著熱騰騰的麵,大口吃了起來。

飽餐一頓後兩人打算繼續上路。阿婆看今天生意冷

清，唯「二」的客人也要走了，只得無奈嘆氣：「唉！生意真差，我也要回家了。」接著便開始收拾東西。

明雪以前就好奇阿婆如何把東西搬到山上做生意，今天恰好遇到她要回家，便感興趣的問：「阿婆，妳家住哪裡啊？」

阿婆指著涼亭旁的林間小徑，「從這裡走過去，大概半小時就到了。」

她把收拾好的東西收進大布包內，接著扛上肩，手裡還提著兩個袋子，轉身就往小徑走去。

惠寧看看涼亭裡的瓦斯桶和鍋碗瓢盆，細心提醒她：「這些都不帶回家嗎？」

阿婆笑了笑，「我哪有辦法扛那麼多東西？只能帶走食材和小東西。反正大件的也沒人扛得走，就留在這裡吧！」

　　明雪見阿婆肩上扛一包，手裡又提了兩袋，便和惠寧商量：「我們從這裡走到山頂大概要半小時，乾脆幫她提東西回家——反正都是運動，走哪條路應該沒差吧？」

　　惠寧應允，兩人分別接下阿婆手上的袋子。阿婆雖連聲說「不必」，但寂寞的她也很高興有人陪伴，半推半就之下，三人沿著林間小徑走向另一座山頭。

　　一路上，好奇的明雪不停發問。「阿婆，山路這麼狹小，當初那些瓦斯爐怎麼搬上來的？瓦斯用完了要怎麼換新的呢？」

　　阿婆笑著回答，「這都要靠我兒子啦！以前只要一沒瓦斯，我就打手機告訴他，請他開車從另一條路送瓦斯，再慢慢扛上來。」

　　「哇！阿婆有這麼孝順的兒子，很好命喔！」惠寧大喊。

「唉！雖然他很孝順，但出社會後結交到壞朋友，惹出不少事。昨天我還接到電話，說他打傷人，對方要報復，所以必須躲起來，有一陣子不回山上……」阿婆說到傷心處不禁落淚，明雪和惠寧急忙輕拍她的肩膀，溫言安慰。

不知不覺間三人已翻越山頭，來到阿婆的小木屋。她趕緊將門打開，讓明雪和惠寧進到屋裡。

正當喘息之際，三名陌生男子突然闖入。帶頭的那人50多歲，身材微胖、目露凶光；左邊的40幾歲，下巴四四方方；右方的男子最年輕，頭髮長而蓬鬆，像隻公獅。

阿婆驚訝的問：「你們要找誰？」

帶頭的胖子一臉不耐煩，「廖哲駿是妳兒子嗎？」

「是啊！他……他不在……」料想到是兒子仇家找上門來，阿婆顫抖著聲音回答。

　　胖子撂下威脅，「他不在沒關係，我是來找妳的！聽說他很孝順，找到妳就不怕他不出面！哼！」

　　「你……你們找他做……做什麼？」

　　獅子頭憤恨的說：「他打傷我們老大的兒子，今天要教他吃不了兜著走啦！嘿嘿！」

　　「別說那麼多廢話，統統帶走！」那胖子喝令。

　　接著他抓住阿婆，方下巴限制惠寧的行動，獅子頭則往明雪的方向走去。

　　明雪見對方的左手小指包裹著紗布，便狠狠的朝那隻指頭捶下去！

　　「啊！好痛！」獅子頭哇哇大叫。

　　阿婆大聲求饒，「我兒子打傷人，你們抓我沒關係，但這兩個女孩只是好心幫我提東西回家，與你們無冤無仇，別為難她們……」

獅子頭又痛又惱，不肯輕易罷手，仍準備對明雪下手。

胖子出聲制止，「算了！反正車子也載不下那麼多人。你先收走手機，免得她們報警，再把人關在屋裡。這裡那麼偏僻，根本不會有遊客經過；等到人被發現時，我們和阿駿間的恩怨也了結了！」

聞言，獅子頭才不情願的作罷。

明雪和惠寧乖乖交出手機，三人押著阿婆，由外頭將門上鎖，再剪斷屋外的電線，以防室內的燈光透露出人跡。

見他們走遠，兩人試著撞門逃走，無奈力氣不夠，只能坐在屋裡嘆氣。

天色逐漸變暗，明雪為兩人打氣，「我出門前曾向爸媽報備要到這裡爬山。如果天黑了還沒回家，手機又打不

通，他們一定會上山找人。」

惠寧皺眉，「但我們已經偏離登山步道……」

明雪站在窗戶旁眺望遠方，「妳瞧！那不是涼亭嗎？既然這裡能看到涼亭，那邊的人就可以發現這裡。爸媽常帶我來爬這座山，他們若上山找我，一定會走到涼亭。」

惠寧可沒這麼樂觀，「那有什麼用？隔了一座山頭，風又那麼大，就算喊破喉嚨也沒人聽得到求救聲。況且夜裡的山區一片漆黑，他們怎麼會知道我們在這兒呢？」

明雪靈光一閃，想到手邊還有阿婆的袋子，便把裡面的東西倒出來──一把瓦斯點火槍和一些零錢；惠寧也察看屋子四周，在角落發現一盞提燈。

惠寧趕緊按壓提燈的開關，卻不見亮光。大失所望的她將燈拆開，發現電池上布滿白粉，早就壞了。「阿婆的東西怎麼全都壞了？」

「她獨自住在山上，不易補充物資嘛！我們找找看屋內有沒有電池。」明雪提議，但兩人忙了一陣子，還是徒勞無功。

　　惠寧忍不住碎碎念，「一把沒有燃料的點火槍，一盞沒有電池的提燈，真是絕配！」

　　明雪仔細觀察提燈的內部構造，發現裡面裝著小日光燈管，她不禁笑著點頭：「果然是絕配！」

　　惠寧不解的看看明雪，明雪卻故作神祕，「休息一下，等搜救隊伍上山吧！」隨後就閉目養神。

　　急躁不安的惠寧在屋裡走來走去，不知過了多久，她興奮的叫聲吵醒明雪。「明雪！有一排亮點往山上移動，應該是來找我們的！」

　　明雪一躍而起，跑到窗邊向外眺望，果然看見數個光點沿著山路蜿蜒而上。她連忙將提燈的小日光燈管拆下，

　　暗夜明燈

並要惠寧抓住燈管上端。

「我們要做什麼？」惠寧百思不得其解。

「等一下妳就知道。」

接著，明雪拆開瓦斯點火槍，拉出裡面的電線，放在距日光燈管接頭下方約1公分處。當她按下點火槍開關的瞬間，燈管裡竟出現一道閃光！

惠寧看得目瞪口呆，「妳有特異功能嗎？電線根本沒碰到燈管的接頭，怎能把燈點亮？」

明雪笑著回應，「壓電晶體不是會將壓力轉換成幾千伏特的高壓電嗎？若附近有日光燈管或省電燈泡，就能利用火花放電的方式，將電流傳入日光燈管，經由妳的手接地，讓電流通過，就能點亮燈管啦！這是老師曾表演給我們看的科學魔術，妳竟忘了呀？」

明雪邊解釋邊按了幾下點火槍的開關，日光燈管也

不停閃爍；惠寧則注意亮點的動向。幾分鐘後，她興奮大喊：「耶！他們在涼亭的位置轉彎，朝我們這邊走來了！」

約莫半小時後，當地警察帶頭的搜救隊伍來到小木屋前，兩人的父母和警官李雄也在行列中。

明雪和惠寧大聲求救，李雄和當地警察合力撞開木門，終於救出她們。

媽媽一把抱住明雪，爸爸則遞上開水和麵包。明雪顧不得自己又餓又渴，急忙把來龍去脈向李雄報告，請他盡快救出阿婆。

「廖哲駿？我請局裡的同事調查一下。」李雄立刻以手機通知山下的員警查案。

接著，李雄向帶路的警察致謝，「要不是你帶路，我們不可能那麼快找到人。」

那名員警搔搔頭，「沒什麼啦！是這兩位小妹妹聰明，懂得利用閃光引起注意。這個山區我很熟，一看到閃光的位置就知道來自山頭的木屋。待會兒你們不必折返原路，可由另一條產業道路下山。我已聯絡同事開車上來，現在請你們跟我走吧！」

途中，李雄詳細詢問歹徒的長相與案情。不久，局裡回報得知的情資：廖哲駿不但前科累累，仇家也很多，一時很難鎖定綁架阿婆的歹徒身分，希望他們能提供更多訊息。

李雄描述剛從兩人口中得知的歹徒長相，請員警繼續追查。

這時，明雪突然想到，「對了！那個獅子頭歹徒的左手小指纏著紗布，而且我捶打時他的表情很痛苦，可能才

剛受傷。」

　　李雄點點頭，吩咐電話那頭的同事多加留意。

　　待一行人走到產業道路，路旁果然已有警車等候。李雄和兩人的爸媽商量：「有了明雪和惠寧提供的資訊，相信我同事很快便能鎖定歹徒的身分。因為她們見過歹徒，我想請兩人到局裡指認歹徒的口卡（由縣市警察局製作及保管的個人資料，常用於辦案）。我先請警員送你們回家休息，待明雪和惠寧指認完畢後，我再派人護送她們回去。」

　　明雪的爸爸點點頭，並向李雄道謝，「不好意思，勞煩你跑這一趟。老實說，遇到這種事，我真的急壞了，只能拜託你。」

　　李雄笑著說：「明雪平常幫了我很多忙，說不定等會兒又可以逮到一批壞蛋！」

　　兩人的爸媽皆笑了起來，心頭的大石瞬間落下，將女兒交給李雄後便安心回家。

■　　　■　　　■

　　待三人抵達警局，員警立刻向李雄報告，「廖哲駿前天在一場幫派鬥毆中打傷了兩個人——盧明貴和沈英辰，這是他們的口卡。」

　　明雪一看到盧明貴的照片，立刻大喊：「他就是獅子頭！」

　　接著，警員又拿出另一張照片，「沈英辰的父親叫作沈煜杞，是某大幫派的首腦。」

　　明雪和惠寧看過沈煜杞的照片，指認是三名歹徒中的胖子。

　　確定歹徒身分後，李雄趕緊調派部下監視沈煜杞的行蹤，吩咐他們伺機救出阿婆，並交代警員護送兩人回家。

明雪擔心阿婆的安危，「叔叔，你們抓壞人時要小心，不要誤傷了阿婆喔！若非她求情，我一定會被獅子頭打得很慘。」

　　李雄點點頭，「我知道了，一旦救出阿婆，我會立刻通知妳。」

　　有了李雄的保證，明雪和惠寧才放心的坐上警車，直奔溫暖的家。

　　回到家後，明雪守在客廳，等著李雄的電話。半夜11點多，電話終於響了——是李雄打來的！

　　「明雪，我們已經順利救出阿婆，並逮捕沈煜杞和他的手下。廖哲駿因為前去解救母親，中了沈煜杞的圈套，不慎被打成重傷，我們已將他送往醫院。妳和惠寧的手機也在沈家找到，改天再麻煩妳們來警局領回。」

　　掛上電話，明雪回想今天的驚險經歷仍心有餘悸。希

暗夜明燈

望阿婆終有一天能和她浪子回頭的兒子好好過日子——明雪誠懇的許下願望。

科學小百科

　　壓電晶體是指能產生壓電效應的天然晶體，壓電效應是機械能與電能互換的現象，會隨外在壓力的增減產生電力，可將機械能轉換為電能，也可將電能轉換為機械能。

　　石英（SiO_2）是種廣泛運用的壓電晶體，除了文中提及的瓦斯點火槍與瓦斯爐，部分打火機也利用石英產生的壓電效應點燃火苗。在軍事及國防方面，亦常見以石英為壓電晶體的炸彈裝置，由空中拋擲炸彈到地面時，所產生的強大壓力使得壓電晶體引爆炸彈，產生驚人的破壞力。追蹤潛艇用的聲納系統，也是壓電現象的應用。

暗夜明燈

國家圖書館出版品預行編目資料

大家來破案 I／陳偉民著；米糕貴圖. -- 初版.
　　-- 台北市： 幼獅, 2009.03
　　面；　公分. --（智慧文庫）

　　ISBN 978-957-574-725-1（平裝）
　　1.科學 2.通俗作品

307.9　　　　　　　　　　　98002872

・智慧文庫・

大家來破案 I

作　　　者＝陳偉民
繪　　　者＝米糕貴
出 版 者＝幼獅文化事業股份有限公司
發 行 人＝李鍾桂
總 編 輯＝劉淑華
副總編輯＝林碧琪
主　　編＝林泊瑜
總 公 司＝10045台北市重慶南路1段66-1號3樓
電　　話＝(02)2311-2836
傳　　真＝(02)2311-5368
郵政劃撥＝00033368

印　　刷＝崇寶彩藝印刷股份有限公司
定　　價＝180元
港　　幣＝60元
初　　版＝2009.03
八　　刷＝2017.04
書　　號＝987179

幼獅樂讀網
http://www.youth.com.tw
e-mail：customer@youth.com.tw
幼獅購物網
http://shopping.youth.com.tw

幼獅文化公司／讀者服務卡／

感謝您購買幼獅公司出版的好書！

為提升服務品質與出版更優質的圖書，敬請撥冗填寫後（免貼郵票）擲寄本公司，或傳真（傳真電話02-23115368），我們將參考您的意見、分享您的觀點，出版更多的好書。並不定期提供您相關書訊、活動、特惠專案等。謝謝！

基本資料

姓名：＿＿＿＿＿＿＿＿＿＿＿＿＿＿＿＿＿＿ 先生／小姐

婚姻狀況：□已婚 □未婚　職業：□學生 □公教 □上班族 □家管 □其他

出生：民國＿＿＿＿＿＿＿年＿＿＿＿＿月＿＿＿＿＿日

電話：（公）＿＿＿＿＿＿＿（宅）＿＿＿＿＿＿＿（手機）＿＿＿＿＿＿＿

e-mail：＿＿＿＿＿＿＿＿＿＿＿＿＿＿＿＿＿＿＿＿＿＿＿＿＿＿＿

聯絡地址：＿＿＿＿＿＿＿＿＿＿＿＿＿＿＿＿＿＿＿＿＿＿＿＿

1.您所購買的書名：**大家來破案 I**

2.您通常以何種方式購書?：□1.書店買書 □2.網路購書 □3.傳真訂購 □4.郵局劃撥
　　　（可複選）　□5.幼獅門市 □6.團體訂購 □7.其他

3.您是否曾買過幼獅其他出版品：□是，□1.圖書 □2.幼獅文藝 □3.幼獅少年
　　　　　　　　　　　　　　　　□否

4.您從何處得知本書訊息：□1.師長介紹 □2.朋友介紹 □3.幼獅少年雜誌
　　　（可複選）　□4.幼獅文藝雜誌 □5.報章雜誌書評介紹＿＿＿＿＿＿報
　　　　　　　　□6.DM傳單、海報 □7.書店 □8.廣播(＿＿＿＿＿＿)
　　　　　　　　□9.電子報、edm □10.其他＿＿＿＿＿＿

5.您喜歡本書的原因：□1.作者 □2.書名 □3.內容 □4.封面設計 □5.其他

6.您不喜歡本書的原因：□1.作者 □2.書名 □3.內容 □4.封面設計 □5.其他

7.您希望得知的出版訊息：□1.青少年讀物 □2.兒童讀物 □3.親子叢書
　　　　　　　　　　　　□4.教師充電系列 □5.其他

8.您覺得本書的價格：□1.偏高 □2.合理 □3.偏低

9.讀完本書後您覺得：□1.很有收穫 □2.有收穫 □3.收穫不多 □4.沒收穫

10.敬請推薦親友，共同加入我們的閱讀計畫，我們將適時寄送相關書訊，以豐富書香與心靈的空間：

(1)姓名＿＿＿＿＿　e-mail＿＿＿＿＿　電話＿＿＿＿＿
(2)姓名＿＿＿＿＿　e-mail＿＿＿＿＿　電話＿＿＿＿＿
(3)姓名＿＿＿＿＿　e-mail＿＿＿＿＿　電話＿＿＿＿＿

11.您對本書或本公司的建議：

10045　台北市重慶南路一段66-1號3樓

幼獅文化事業股份有限公司

客服專線：02-23112836分機208　　傳真：02-23115368

e-mail：customer@youth.com.tw

幼獅樂讀網http：//www.youth.com.tw